LANGAGES

De la cellule à l'homme

« CONVERSCIENCES »
Collection dirigée par Philippe BRENOT

A l'aube du troisième millénaire, le champ scientifique éclate, les disciplines en mutation s'interpénètrent, convergence d'attitude pour le décloisonnement des connaissances. « CONVERSCIENCES » se veut carrefour de réflexion dans, sur et au-delà de la science, lieu d'élaboration pluri- et trans-disciplinaire. « CONVERSCIENCES » accueille ainsi des ouvrages de synthèse multi-auteurs (*la Mémoire*, tomes I et II), des actes de réunions à thème *(les Origines, Langages, Sociétés)*, ainsi que des essais transdisciplinaires. Au-delà du clivage des disciplines et de la dichotomie sciences exactes-sciences humaines, « CONVERSCIENCES » crée un espace d'interaction pour que conversent les sciences en conversion.

1. **Les Origines** (dir. Ph. BRENOT), avec Y. COPPENS, E. DE GROLIER, Y. PÉLICIER, H. REEVES, J. REISSE.
2. **Langages** (dir. Ph. BRENOT), avec J. COSNIER, B. CYRULNIK, M. GROSS, A.-M. HOUDEBINE, M. DE CECCATTY.
3. **Sociétés** (dir. Ph. BRENOT), avec G. BALANDIER, R. CHAUVIN, Y. COPPENS, M. CROZIER, E. MORIN (à paraître, 1989)
4. **La Mémoire** (tome I : « Mémoire et Cerveau »).
5. **La Mémoire** (tome II : « Le concept de mémoire »).

Philippe BRENOT, c/o L'HARMATTAN
5-7, rue de l'Ecole-Polytechnique
75005 PARIS

Maquette de couverture réalisée par Eric MARTIN

Sous la direction de Philippe BRENOT

LANGAGES

De la cellule à l'homme

Jacques Cosnier — Boris Cyrulnik — Maurice Gross — Anne-Marie Houdebine-Gravaud — Max Pavans de Ceccatty

Éditions L'Harmattan
5-7, rue de L'École-Polytechnique
75005 Paris

AVERTISSEMENT AU LECTEUR

Les textes qui composent ce recueil sont de deux ordres : les premiers (Jacques COSNIER, Boris CYRULNIK, Max DE CECCATTY, Maurice GROSS et Anne-Marie HOUDEBINE) sont des textes écrits et pour une part référenciés de bibliographie ; les seconds, à savoir les discussions, sont la transcription graphique des débats du colloque « Langages » et n'engagent en cela aucunement la responsabilité de chacun des intervenants.

Je veux tout particulièrement remercier ici les membres du comité d'organisation du colloque « Langages » et le bureau de la Société internationale d'écologie humaine (SIEH, BP 33 — 33019 Bordeaux Cedex) sans qui cette réunion n'aurait pu avoir lieu, ainsi que le docteur Jean BRENOT pour sa collaboration technique à ce volume

P.B.

© *L'Harmattan*, 1989
ISBN 2-7384-0501-0

LANGAGES

Deuxième rencontre exceptionnelle que ces Troisièmes Journées internationales d'écologie humaine qui ont réuni sept cents auditeurs les 4, 5 et 6 décembre 1987 à Bordeaux, autour de Max DE CECCATTY, Boris CYRULNIK, Anne-Marie HOUDEBINE et Maurice GROSS. Jacques COSNIER avait ouvert cette réflexion sur l'universalité de la communication et les spécificités du langage de l'homme.

Avec Langages *et* Sociétés, *et à la suite des* Origines, *nous sommes au cœur des interrogations fondamentales de l'homme, et de l'homme d'aujourd'hui. Dans le buissonnement scientifique de la fin de ce siècle et devant la compétence spécifique que nécessite chaque domaine spécialisé, l'approche systémique de l'écologie humaine apparaît comme une nécessité réunificatrice au-delà du cloisonnement qu'impose le nécessaire savoir technique. Prenant racine dans la démarche anthropologique et en écologie fondamentale, l'écologie humaine privilégie l'approche pluri- et transdisciplinaire pour comprendre l'homme et les systèmes humains, mais aussi pour préciser sa place dans la nature et dans le milieu social qui est le sien. De telles confrontations transdisciplinaires permettent, par le contraste des éclairages et l'interpénétration des domaines, de dégager pour chacun d'entre nous un espace de compréhension à la frontière des connaissances cumulées.*

Pour permettre ces riches débats devant un très large public, la Société internationale d'écologie humaine a bénéficié du soutien de la municipalité de Bordeaux et du haut patronage de son maire, Monsieur Jacques CHABAN-DELMAS, président de l'Assemblée nationale, ainsi que de celui du Certificat international d'écologie humaine et de l'université de Bordeaux I. Qu'ils trouvent ici, ainsi que tous les auditeurs de Langages, *nos remerciements les plus sincères pour que se poursuive la réflexion en écologie humaine.*

Docteur Philippe BRENOT
Président de la SIEH

PRÉSENTATION DU THÈME

Pourquoi *Langages* ?

A la fin des *Origines*, nous avions laissé le petit homme qui venait d'émerger dans la bouche d'Yves COPPENS[1], avec les balbutiements et le protolangage que décrivait Eric DE GROLIER[2].

Nous retrouvons l'homme quelques centaines de milliers d'années plus tard avec un langage et des sociétés organisés. *Langages* fait alors le lien entre *les Origines* et *Sociétés*, car langage a autant à voir avec société que société avec langage. Ce premier point se retrouve déjà dans la bouche de Jean-Jacques ROUSSEAU :

> « Convaincus de l'impossibilité presque démontrée que les langues aient pu naître et s'établir par des moyens purement humains, nous devons laisser à qui voudra l'entreprendre la discussion de ce difficile problème : lequel a été le plus nécessaire, de la société déjà liée, à l'institution des langues, ou des langues déjà inventées, à l'établissement de la société ? »
> *(Discours sur l'inégalité des conditions.)*

---

(1) *Les Origines* (sous la direction de Philippe BRENOT) avec Y. COPPENS, E. DE GROLIER, Y. PÉLICIER, H. REEVES, J. REISSE, Ed. L'Harmattan, 1988.
(2) Eric DE GROLIER, « Aux origines du langage », in *les Origines, op. cit.*

Langage et, de façon plus large, communication ne s'entendent qu'entre plusieurs individus ou plusieurs éléments d'un même système et impliquent au moins un émetteur et un récepteur. En ce sens, les animaux solitaires n'auraient pas de langage et, à l'évidence, les systèmes de communication très développés sont plutôt l'apanage des sociétés animales très organisées.

Le modèle humain est aujourd'hui bien connu et ses implications s'étendent au-delà du seul champ de la langue. Ce sont d'abord des biologistes qui se sont intéressés aux structures génératrices de la langue. Au début du XIXe siècle, Paul BROCA décrit les centres moteurs du langage, situés au pied de la circonvolution frontale ascendante de l'hémisphère cérébral gauche. Notre conception s'est, bien entendu, considérablement affinée, notamment en montrant que l'ensemble du cerveau participe à la performance langagière avec les spécialisations caractéristiques de chaque région, mais il est notable de constater que ce sont des linguistes qui ont ensuite contribué à cette connaissance de la biologie du langage. Je pense tout particulièrement aux travaux de Roman JAKOBSON sur les aphasies qui ont permis, au-delà des frontières d'écoles, d'ouvrir le champ si prometteur de la neuro et de la psycholinguistique.

C'est encore un linguiste, Noam CHOMSKY, qui affirmera l'innéisme du langage chez l'homme, même si une telle supposition était déjà dans l'air depuis longtemps :

> « La nature donne l'instinct de la parole, mais les sons qui constituent les mots sont, chez l'homme et dans toutes les langues, des sons purement de convention. » (FOSSATI, 1837.)

Dans quelle mesure, cependant, le fait de renvoyer l'interrogation fondamentale sur les universaux à un substrat biologique n'est-il pas un moyen d'évacuer le problème, en le situant à la limite de deux disciplines ? Nous trouvons alors fondé de nous demander s'il existe des limites entre disciplines et notamment, ici, émanant de deux systèmes par essence différents, au moins par leurs méthodes : les sciences physiques et biologiques, et les sciences humaines ?

Le développement des études et des écoles linguistiques vient alors faire le lien entre le substrat biologique et la dimension sociologique qu'elle structure. Depuis le fondamental *Cours de linguistique générale* de Ferdinand de SAUSSURE, en 1916, la linguistique sera d'abord descriptive et structurale, concevant la langue comme un système fonctionnel, puis transformationnel, faisant apparaître, au-delà de la grammaire superficielle, des structures profondes ouvrant à la réflexion les portes d'une philosophie du langage. Cette ouverture du champ linguistique au champ social fait de ce dernier un monde de signes qui renvoie à la structure de la langue.

> « La langue est le véritable trait caractéristique qui distingue une nation d'une autre ; quelquefois même, c'est le seul. » (Amédée DE SAINT-MAURIS, 1837.)

Des *Structures élémentaires de la parenté*, à l'*Anthropologie structurale*, Claude LÉVI-STRAUSS emprunte à l'analyse linguistique pour comprendre et expliquer les structures sociales. Plus évidemment, la psychanalyse usera du même modèle pour dire, avec Jacques LACAN, que « l'inconscient est structuré comme un langage ».

Enfin, de nombreuses directions de recherche dans le domaine des sciences de la nature ne peuvent plus ignorer aujourd'hui l'apport linguistique, et réciproquement. La découverte fondamentale du code génétique soulève le grand intérêt philosophique de cette communication première, ou tout au moins primordiale. Par extension, et donc abus de sens, pourquoi ne pourrait-on parler de langage à n'importe quel niveau de l'organisation biologique ? Cet étage des interactions cellulaires laisse penser qu'il existe un niveau unitaire de communication. Pour qu'il y ait *vie*, ne suffit-il pas qu'il existe un certain degré d'organisation, donc de communication ?

> « Lorsqu'on a des occasions fréquentes d'observer les animaux, on apprend à entendre leur langage, on connaît les inflexions différentes que prend le cri du coq, de la poule et des autres oiseaux, selon le sentiment ou l'idée qu'ils veulent exprimer. »

Au XVIIIe siècle, GALL nous propose l'observation pour comprendre la communication animale. « Le langage est donc naturel aux animaux, il est inhérent à leur être », mais « il est le même chez tous les individus de la même espèce ; aucun individu ne l'apprend, tous le parlent bien et tous le comprennent parfaitement. » L'éthologie actuelle pondérerait de telles affirmations, notamment en matière d'apprentissage, mais ne les réfuterait pas fondamentalement.

Au contraire, la subtilité de la communication animale révèle bien des racines de notre langage humain qui puise, pour faire passer son message, tant dans le verbal que dans le non-verbal et dans toute la richesse de l'accompagnement corporel des sons des langues humaines.

Alors, qu'imagine l'homme avec ses nouveaux langages, ses idiomes informatiques, produits et excroissances de son cerveau langagier ? Car toute activité humaine est langage, structurée *par* et *comme* un langage, de l'inconscient au conscient, du culturel au social, et les écoles structuralistes nous en ont montré la dimension. Ces nouveaux outils, ces idiomes de demain qu'invente l'*Homo informaticus*, ne sont-ils pas l'avenir de cette longue chaîne de la communication qui a débuté avec la vie ?

Ce n'en sont, en tout cas, qu'un maillon qui atteste d'une étape fondamentale de l'évolution : un être biologique vient de créer un outil qui structure le monde.

Philippe BRENOT

LANGAGE ET COMMUNICATION
Jacques COSNIER
Professeur de psychologie des communications à l'université Lumière-Lyon II

L'honneur qui m'est fait de traiter de « Langage et Communication » lors de la séance d'ouverture des journées consacrées au « langage » est probablement dû à ce que Philippe BRENOT a estimé que mes formations universitaires éclectiques m'assuraient un niveau d'incompétence suffisant et nécessaire pour parler de tout sans trop m'embarrasser des scrupules des spécialistes. Il m'a confié ainsi la charge d'interpeller le public et les autres orateurs, aussi me pardonnerez-vous d'apporter plus de questions que de réponses et d'utiliser parfois des formules qui, sans doute, nécessiteraient une argumentation plus détaillée pour paraître moins provocantes.

L'universalité de la communication

Il est certainement superflu d'insister sur l'importance prise aujourd'hui par la notion de communication : chacun sait que l'*Homo sapiens* s'est transformé au cours du XXe siècle en *Homo communicans*. Certes, ce n'est cependant pas d'aujourd'hui que la communication existe, elle est inhérente à la matière vivante. Max DE CECCATTY nous expliquera sans doute comment les cellules elles-mêmes ont un « self », une identité, des règles d'interaction et des codes de communication, et Boris CYRULNIK nous montrera sûrement comment communiquent les mouettes et d'autres animaux de toutes sortes et de toutes tailles : bref, les êtres vivants communiquent, et cela doit avoir commencé il y a quelque trois milliards d'années avec les bactéries et les algues bleues, nos poétiques et lointaines ancêtres...

On pourrait aussi dire, en reprenant les termes de Philippe BRENOT, et cela paraît à propos dans une société d'écologie, qu'à partir du moment où il y a un écosystème, donc des régulations biocénotiques, il y a nécessairement des processus d'interaction et de communication, c'est-à-dire des transmissions d'informations grâce à des circulations de messages dont l'efficacité est liée à la structure et non à l'énergie du support.

Cependant, quel chemin parcouru pour que l'Australopithèque, il y a seulement deux à trois millions d'années, commence à métamorphoser son système de communication primatoïde en un langage qui allait devenir le caractère éthologique sans doute le plus distinctif de l'espèce humaine ! « Au début était le verbe », je reprendrai la formule, excusez mon audace : « au début de la vie était la communication, au début de l'humanité était le verbe ».

Je ne ferai que pointer au passage deux questions : la première sur les origines phylogénétiques du langage, que l'on peut aussi formuler : à partir de quel moment peut-on dire qu'un système de communication mérite d'être appelé langage ? La seconde, complémentaire de la précédente : quelle est la différence entre les communications animales et la communication langagière humaine ? Probablement, ces questions seront abordées au cours des discussions, elles l'ont été déjà l'an dernier lors du colloque sur les « Origines », je n'essaierai donc pas d'y répondre maintenant, en tout cas directement, préférant pour des raisons de temps considérer plutôt le langage dans son aspect synchronique, tel qu'il interroge aujourd'hui les chercheurs divers et nombreux qui ont à s'en occuper.

Le langage. Mais quel langage ?

Nombreux sont ceux qui pensent que le terme « communication » est devenu un terme fourre-tout dont les significations multiples rendent l'usage malaisé, or le terme de « langage » n'est guère mieux placé. En l'espace d'une quinzaine d'années, des changements considérables se sont produits dans la conception que nous en avons : depuis le classique et traditionnel structuralisme saussuro-freudien en passant par le génératisme chomskien jusqu'au mouvement pragmatique actuel, les choses ont bien changé, au point que l'on pourrait soutenir que le langage n'est plus ce que l'on disait et ne sert pas à ce que l'on pensait. La communication non plus d'ailleurs, comme Y. WINKIN l'indique par le titre qu'il a donné à un livre au succès justifié : *la Nouvelle Communication*. On pourrait aussi parler du « nouveau langage ». L'évolution des deux est d'ailleurs, comme nous le verrons, très liée. Considérons d'abord le statut classique du langage. Il est assez facile à schématiser, car il coïncide avec la conception populaire à laquelle il est emprunté sans précautions spéciales, tellement cela paraît aller de soi. Ce statut est fondé sur trois postulats.

— *La communication, c'est le langage.* Le langage imprègne et organise notre vision du monde et nous sert à partager avec autrui cette vision. Tout événement, toute information seront liés dans leur perception consciente à l'existence du langage. Roland BARTHES, après d'autres, a bien illustré ce point de vue. « Percevoir ce qu'une substance signifie, c'est fatalement, dit-il, recourir au découpage de la langue », pour finalement déclarer que « la linguistique n'est pas une partie privilégiée de la science générale des signes : c'est la sémiologie qui est une partie de la linguistique ».

— *Le langage est un mode de communication verbale.* Toutes les définitions du langage (et/ou de la langue, les deux étant en général tenus pour synonymes) convergent pour affirmer que « le langage est la capacité spécifique à l'espèce humaine de communiquer au moyen d'un système de *signes vocaux...* » (*Dictionnaire de linguistique* de J. DUBOIS, Ed. Larousse) ; ou encore : « les langues sont des véhicules de communication *acoustiquement réalisés...* » (J.-J. KATZ, *la Philosophie du langage*, Ed. Payot) ; ou encore : « instrument de communication selon lequel l'expérience humaine s'analyse [...] en unités douées d'un contenu sémantique et d'une *expression phonique* » (A. MARTINET, *Eléments de linguistique générale*, Ed. A. Colin). La forme première du langage est donc de réalisation acoustique. Le schéma de la communication de F. DE SAUSSURE l'illustre parfaitement : deux têtes parlantes, sans leurs corps jugés sans doute inutiles.

— *On parle pour dire.* Ce dernier aphorisme nous ramène à F. DE SAUSSURE et à sa conception du signe et même, au-delà, à saint THOMAS D'AQUIN. La langue est un « système de signes », lesquels sont, comme chacun le sait aujourd'hui pour en avoir été plus que rassasié, « l'union du concept (le signifié) et de l'image acoustique (le signifiant) ». Le concept étant distinct de la chose représentée, le « référent », de nature extra-linguistique. Tout cela est parfaitement clarifié dans le schéma ternaire du signe.

Dans cette conception, parler c'est donc transmettre par un système de représentation conventionnel (les signifiants) des informations sur les représentations mentales (les signifiés) de référents objectaux. Ainsi, le langage serait un procédé de représentation des représentations mentales. Ajoutons que FREUD, par sa conception en termes de représentation de mots/représentation des choses, se ralliait à ce point de vue.

Monocanalité (acoustique) et monofonctionnalité (représentative), telles étaient donc les caractéristiques du langage.

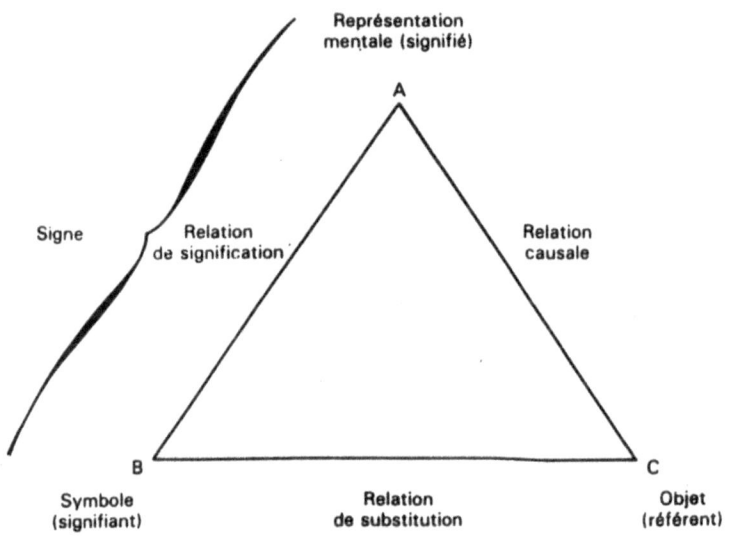

Triangle de la signification de OGDEN *et* RICHARDS

Nouvelles évidences

Or, voilà que sous l'influence convergente d'anthropologues comme G. BATESON, de sociologues comme E. GOFFMAN, H. GARFINKEL, de sociolinguistes comme J. GUMPERZ, de linguistes comme AUSTIN, DUCROT, ORECCHIONI, et beaucoup d'autres trop nombreux pour être cités, mais qui ont fondé l'interactionnisme systémique, l'ethnométhodologie, la linguistique pragmatique, l'analyse conversationnelle... sous l'influence donc de ces chercheurs d'origines diverses, un « new-look » s'est établi qui remet en cause les trois évidences précédentes... en les remplaçant par trois nouvelles propositions :

— le langage n'est pas monocanal mais multicanal ;
— sa fonction n'est pas seulement représentative, car il est plurifonctionnel ;
— son étude ne peut plus ne concerner que la langue, mais doit aussi aborder l'étude de la parole en situation, c'est-à-dire prendre en compte l'existence du contexte.

Ces trois nouveaux aphorismes méritent un certain commentaire, car ils me paraissent essentiels pour situer le problème qui nous occupe des rapports du langage et de la communication.

Le langage est multicanal de nature

Certes un éthologue, comme je le suis, familier des communications animales, comme je l'ai été, est facilement persuadé que les communications sont largement multicanales : les animaux dans la nature ne sont pas des petits Mickeys communiquant par des bulles où les mots sont écrits ; la communication acoustique existe plus ou moins selon les espèces mais, au total, n'a pas de prédominance marquée sur les modes visuel ou olfactif... L'éthologue, donc, qui aborde la communication humaine est prédisposé à éviter les préjugés cités au-dessus, prédisposé aussi à aborder cette communication par l'étude du non-verbal, et cela explique que depuis une quinzaine d'années, c'est-à-dire depuis qu'une approche naturaliste s'est développée, les travaux sur la communication non verbale ont pris un essor considérable.

Ainsi, donc, plusieurs constatations sont faites que je ne peux qu'énumérer :

— L'on ne peut parler sans bouger. Le corps entier participe au processus énonciatif et pas seulement les organes phonatoires.

— Le développement de la communication verbale ne fait pas disparaître les gestes communicatifs, au contraire : les bavards, les professeurs d'université, les avocats, les orateurs, tous ceux pour qui les paroles constituent un instrument de travail privilégié gesticulent abondamment. Rappelons-nous d'ailleurs qu'une partie de la rhétorique comprenait un chapitre, l'*actio*, fort connu et utilisé par les grands orateurs.

— Le langage parlé s'enracine à l'évidence dans les interactions non verbales précoces, et les débuts du langage sont étroitement associés à l'activité mimique et gestuelle.

— Les enfants sourds illustrent particulièrement la constatation précédente : à partir de la base interactionnelle précoce, le déficit du canal acoustique n'entrave pas la formation d'un langage ; mais celui-ci revêt une forme gestuelle. On sait aujourd'hui *(a)* que la langue gestuelle des sourds n'est pas un dérivé de la langue parlée, *(b)* qu'elle a tous les attributs d'une langue : grammaire, répertoire, avec cependant des caractères spécifiques en raison de sa réalisation spatiale tridimensionnelle.

— L'expression purement verbale existe, c'est le cas de l'écriture. Mais alors des mécanismes compensatoires sont nécessaires pour remplacer les gestes absents.

Ainsi, donc, l'observation de l'interaction langagière sur le terrain, interaction dite couramment de « face à face » ou mieux de « coprésence », montre que paroles et gestes sont étroitement associés et que ce que j'appellerai l'« énoncé total » ou « totexte » est le résultat de cette association dont les effets opèrent à deux niveaux : celui de la sémantique et celui de la pragmatique interactionnelle.

C'est ainsi par exemple que le geste joue souvent un rôle indispensable au niveau de la deixis et de la référenciation. Comment interpréter « passez-moi ça... non pas celui-ci, celui qui est là-bas », etc ? Je ne développerai pas plus longuement ces aspects des « énonciatèmes » non verbaux, mais je soulignerai ce fait : la partie verbale de l'énoncé (le texte) prévoit dans sa structure même la présence d'un énoncé gestuel complémentaire (le cotexte) sans lequel, bien que grammaticalement correct, il resterait sémantiquement incomplet. Les gestes, et particulièrement les mimiques faciales ainsi que la voix, interviennent aussi de façon souvent décisive dans les processus connotatifs.

Les mimiques fonctionnent alors comme de véritables qualificatifs attribués soit au contenu de l'énoncé verbal, soit à l'attitude du locuteur par rapport à son propre énoncé (assurant ainsi une fonction métacommunicative souvent utilisée dans l'humour).

Au niveau de la pragmatique interactive, le texte verbal est aussi largement tributaire de ses concomitants gestuels vocaux. Je ne mentionnerai ici que le simple aspect de la maintenance interactionnelle : pour qu'un échange parolier puisse s'engager, se maintenir et se développer, il faut qu'il y ait un étayage quasi permanent et bien formalisé que nous désignons comme « copilotage interactionnel ». Ce système comprend un versant phatique, en provenance du locuteur, et un versant régulateur, en provenance de l'allocutaire. Ce système est motivé par le problème des quatre questions du locuteur :

— est-ce qu'on m'entend ?
— est-ce qu'on m'écoute ?
— est-ce qu'on me comprend ?
— qu'est-ce qu'on en pense ?

Le versant phatique est concrétisé par des regards (mais aussi des mimiques et parfois du toucher) que le locuteur adresse à des moments précis à l'allocutaire ; le versant régulateur utilise une combinaison graduable de mimiques (par exemple, le sourire), de mouvements de tête (par exemple, des hochements) et de vocalisations et courtes verbalisations (par exemple : hum ! oui ! d'accord ! ...). Ce système a dans les interactions d'entretien de face à face un rôle crucial pour assurer le dialogue et pour permettre la synchronisation qui traduit et permet les accordages affectifs et cognitifs, déterminants dans la double chaîne associative de l'interaction. C'est par lui qu'une interaction sera satisfaisante ou, au contraire, tournera court. C'est par lui que se manifestera aussi une grande partie de la pathologie de la communication de face à face.

Ainsi, le langage aujourd'hui doit être considéré comme un supra-système hétérogène comprenant trois sous-systèmes principaux : le sous-système verbal, le sous-système vocal et le sous-système gestuel. Le corps y joue un double rôle : un rôle discursif, au titre de composant de l'énoncé lui-même, et un rôle énonciatif, au titre de producteur de cet énoncé total. Remarquons au passage l'inadéquation de l'expression « langage du corps » : tout langage vivant étant nécessairement le produit d'un corps parlant.

Le langage est plurifonctionnel

Comme je l'ai souligné plus haut, les modèles classiques du langage convergent pour admettre comme un fait d'évidence que sa fonction essentielle est de représenter. Or, l'approche naturaliste montre rapidement que le langage n'est pas seulement un système de représentation, mais un système d'action.

Remarquons d'abord un fait évident : il n'est pas rare que des gens parlent pour « ne rien dire... » L'analyse récente de conversations banales sur des échantillons de dix minutes nous a montré que sur les 2 500 mots échangés (en moyenne), environ 2 000 pourraient être supprimés sans nuire au contenu informatif/représentatif du discours ! On sait, bien sûr, que les « bavardages » à bâtons rompus sont connus pour leur redondance et leur vacuité. Mais, partant de cette constatation, nous avons étudié des entretiens finalisés : consultations médicales et consultations dentaires. Or, ici encore, il est apparu qu'une grande partie des échanges paroliers, proche de 40 % à 50 %, appartenait au domaine non professionnel.

On peut donc se demander à quoi servent toutes ces paroles « inutiles » ? A quoi sert-il de dire à quelqu'un : « comment ça va ? » quand on n'a aucune envie de le savoir, et que de toutes façons il répondra : « ça va et vous ? », de dire : « quel mauvais temps aujourd'hui ! » à quelqu'un qui s'apprête à sortir en ouvrant son parapluie ; quel besoin ont donc le dentiste et son patient de parler du chômage ou du baccalauréat de la dernière fille ?

Le linguiste R. JAKOBSON avait déjà fourni des éléments de réponse en distinguant ses *six fonctions* de la communication langagière, soit cinq de plus que la seule et classique fonction représentative, à savoir les fonctions expressive, conative, phatique, métacommunicative et poétique. Mais depuis, le problème a pris d'autres dimensions à la suite en particulier des travaux de l'école d'Oxford sur les « actes du langage ». « Si parler c'est dire, dire c'est faire », pour reprendre l'expression de J. AUSTIN. C'est faire d'abord un « texte » *(acte locutoire)*, c'est ensuite produire un acte prévu par les conventions mêmes de la langue *(acte illocutoire)*, c'est enfin réaliser une action aux effets particuliers en rapport avec le contexte *(acte perlocutoire)*.

L'exemple en est simple avec « quelle heure est-il ? » :
— production parolière ;
— question au sujet de l'heure et au niveau situationnel ;
— manière de faire remarquer que quelqu'un est en retard ou que l'on commence à s'ennuyer, ou encore qu'il faut terminer une conférence...

Je ne développerai pas plus avant le chapitre complexe des actes de langage, mais l'ensemble de ces quelques remarques suffit à reconnaître que le langage permet la production d'énoncés qui :
— comme le proclame depuis longtemps la psycholinguistique classique, expriment la pensée, c'est-à-dire véhiculent des « représentations » ;
— mais aussi (et en même temps) informent, commentent, affirment, ordonnent, questionnent, répondent... mais aussi (et en même temps) provoquent, séduisent, convainquent, trompent, ennuient, amusent ;
— et ce faisant, entre autres choses, peuvent aussi réguler celui qui les produit, et celui qui les reçoit, contribuant tout à la fois à l'homéostasie individuelle et à l'homéostasie sociale.

Ainsi, dans toute interaction langagière, la bonne question n'est plus : « qu'est-ce qui se dit ? » mais : « qu'est-ce qui se fait ? » Or, répondre à cette question nous amène irrésistiblement à envisager les rapports de l'énoncé et de son contexte comme fondamentaux pour toute interprétation valide.

Contexte et compétence communicative

Si la signification de l'énoncé est accessible, au moins dans son aspect verbal, à la *compétence linguistique* telle que l'avait définie CHOMSKY, l'interprétation de l'énoncé est d'un autre ordre et met en jeu une *compétence communicative*, c'est-à-dire que l'intelligence du texte doit être associée à une évaluation du contexte qui, seule, peut lui donner une valeur pragmatique. L'interprétation est donc le résultat d'une *contextualisation*.

Mais le contexte (ensemble de paramètres invariants de la situation) est très vaste ; il comprend des éléments aussi bien matériels (cadre physique, caractères morphologiques et vestimentaires, etc.) qu'abstraits (compétences partagées ou inférées des interactants : compétence encyclopédique, compétence logique, compétence rhétorico-pragmatique, histoire relationnelle commune, etc.) ; or, il est évident qu'à chaque moment de l'interaction, seule une partie du contexte potentiellement utilisable est nécessaire et suffisante pour l'interprétation totextuelle.

Ainsi peut-on décrire des *dispositifs de contextualisation* dont je citerai quelques-uns :
— Les *marqueurs d'énonciation* étudiés particulièrement par C. KERBAT-ORECCHIONI. Ils indiquent, par des unités spéciales, les « énonciatèmes », comment l'énoncé s'« embraye » sur le contexte, particulièrement le contexte situationnel dans ses coordonnées spatio-temporelles.

Ce sont par exemple les pronoms (« je », « tu », « il », etc.), les marqueurs de temps (maintenant, hier, demain, temps des verbes), les marqueurs de lieu (« deixis » : ici, celui-ci, etc.). On voit que la structure même de la langue prévoit que la parole est articulée avec la situation. J'ai déjà signalé le rôle de la mimo-gestualité (par le regard et la désignation : pointage par exemple) dans ce marquage énonciatif. Comment comprendre par exemple : « il s'est assis hier sur cette chaise », sans faire appel à ces mécanismes tant verbaux que gestuels ?

— *Les indices métacommunicatifs* qui révèlent la position du parleur quant à son propre discours et, donc, en fournissent une clé d'interprétation.

Dans cette catégorie, on pourrait inclure les « voix des rôles » : variations des qualités vocales suggérant le type de rapport relationnel voulu à ce moment par le parleur — voix « parentale », « infantile », « magistrale », etc.

— *Les règles de cadrage*. Sous ce titre, on peut classer quelques éléments organisateurs de l'interaction, implicites ou explicites et plus ou moins généraux ou spécifiques tels :

• les règles d'implications conversationnelles (connues sous le nom de « maximes de Grice »). Tout ce qui est nécessaire à l'interprétation ne pouvant être à tout moment explicité, toute interaction suppose un principe de « coopération » entre les interactants, qui se traduit dans quatre maximes principales :

1) maxime de quantité : soyez aussi informatif qu'il est nécessaire (mais pas plus) ;
2) maxime de relation : soyez à propos, ne parlez pas hors sujet ;
3) maxime de qualité : ne dites pas sciemment ce qui est faux ;
4) maxime de manière : soyez bref et évitez l'ambiguïté.

Prenons un exemple :
A) «j'ai peur de tomber en panne d'essence »
B) « je crois que le garage d'à côté est encore ouvert ».

La maxime de quantité est apparemment enfreinte par *B)*. Mais en vertu des maximes de relation et de qualité, cela signifie que *B)* dit ce qui est à propos et exact, donc qu'il y a un distributeur d'essence au garage en question.

• les règles scéniques. Elles correspondent au « script » ou au « focus » inhérent au site où se déroule l'interaction. « Avez-vous du sel ? » sera interprété différemment selon que l'on est dans un restaurant ou une épicerie... et comment interpréter cet énoncé : « les huîtres, levez la main », si l'on ne précise pas qu'il a été proféré dans un restaurant bordelais ?

L'accordage affectif et l'analyseur corporel

Mettre l'accent, comme nous l'avons fait jusqu'ici, sur les paramètres qui permettent la textualisation et la contextualisation et sur la compétence communicative que ces processus impliquent pour leur réalisation quotidienne pourrait *faire croire que les mécanismes d'ordre cognitif sont prévalents dans l'interaction*. Or, ce serait une erreur.

A la différence des computers, l'être humain (comme d'ailleurs les autres mammifères) alimente ses interactions à des sources pulsionnelles et les accompagne d'un halo de résonance affective. *Langage et rites d'interaction* sont là pour *modaliser, permettre et réguler l'expression émotionnelle* dans une mise en scène de la vie quotidienne. Dès lors apparaît une autre dimension de la contextualisation : celle de l'*attribution* au partenaire de sentiments et d'affects essentiels au bon déroulement de l'interaction. Cet ajustement mutuel constitue l'*accordage affectif* qui est aujourd'hui l'objet de divers travaux. D'abord ceux des observateurs des *interactions précoces,* qui montrent que très jeune l'enfant est capable de percevoir l'état affectif de la mère (et réciproquement).

Les interactions précoces sont en grande partie fondées sur les échanges de signaux expressifs et affectifs et sur leur ajustement réciproque multimodal. Or, cela semble se faire par des identifications-imitations (échoïsations) corporelles : mimiques faciales surtout, et vocales.

Ce processus très visible dans les interactions précoces devient par la suite plus discret mais reste sans doute à l'œuvre. Il s'objective dans les processus de *synchronisation interactionnelle* et se traduit dans les échoïsations mimiques et les convergences des styles voco-verbaux et gestuels.

Or, différents auteurs ont récemment montré que l'adoption de certaines mimiques suffisait à provoquer les réactions physiologiques des états émotionnels correspondants.

On comprend donc qu'une partie de la *plate-forme énonciative commune* se traduise par l'aptitude à l'accordage affectif avec l'interlocuteur, et l'on doit souligner le rôle que joue l'analyseur corporel dans l'interaction langagière, dans ce processus. Cela laisse aussi entrevoir une nouvelle somme de difficultés dans la communication : le traitement par chacun de ses propres émergences pulsionnelles et affectives se fait selon des *stratégies personnelles* (« mécanismes de défense ») qui vont utiliser la panoplie des prescriptions-proscriptions ritualisées proposées par le milieu, mais chacun à sa manière, selon sa propre « organisation verbo-viscéro-motrice », et cela pourra faciliter la synchronisation ou, au contraire, la perturber plus ou moins gravement. Les psychanalystes ont, bien sûr, déjà traité de ces aspects, en particulier dans la description des différents types de *relation d'objet*...

Ici encore, remarquons que l'« accordage affectif » se faisant par la modification des systèmes mimiques, posturaux et vocaux, et d'une manière largement modalisée par la culture, des difficultés sont prévisibles quant à son fonctionnement dans les relations interculturelles.

Conclusion

Il est difficile de conclure ce qui veut être une introduction, c'est-à-dire une ouverture à la discussion et aux autres exposés.

Ainsi terminerai-je par une note personnelle.

Quand j'ai quitté il y a une vingtaine d'années l'éthologie animale pour me consacrer à l'éthologie humaine, j'ai vite été convaincu, je vous ai expliqué pourquoi, de l'importance de la communication non verbale dans notre espèce, et de l'intérêt d'une approche naturaliste (éthologique) des problèmes de communication. Mais je ne tardais pas à découvrir que ce que je croyais être alors une orientation originale rejoignait en fait un vaste mouvement anthropo-interactionniste déjà très avancé aux USA, en particulier avec des hommes comme G. BATESON. E. GOFFMAN, E. HALL, R. BIRDWHISTELL et bien d'autres. Depuis, ce mouvement a encore progressé et rend quasi impossible un exposé sur le langage et la communication. Et cependant, ce mouvement interactionniste lui-même, qui semble avoir démarré dans les années 1960-1970, a des racines encore antérieures. Parmi ces racines multiples qui justifieraient un exposé spécial, je voudrais citer l'école de Chicago des années 1920, avec des psychosociologues comme H. MEAD, créateur de l'interactionnisme symbolique, et des sociologues comme PARK et BURGESS, fondateurs de l'écologie urbaine... Il me paraissait indiqué de le signaler dans une société d'écologie humaine !

C'est grâce à tous ces chercheurs qu'aujourd'hui une étho-écologie du langage devient possible, chaînon indispensable entre une écologie générale et, selon le mot heureux de Gregory BATESON, une « écologie de l'esprit ».

DISCUSSION
(Modérateur : Philippe BRENOT)

Philippe BRENOT. — Je remercie Jacques COSNIER d'un exposé qui, pour les non-linguistes, a peut-être paru difficile, mais je crois que c'est l'intérêt des longs temps de discussion que d'expliciter les points qui ont pu rester dans l'ombre et de préciser les orientations d'écoles. Il est vrai que la différence est importante entre la façon de voir le langage il y a une vingtaine d'années et aujourd'hui, avec les éclairages très multifactoriels actuels qui nous replongent dans ce que nous essayons de faire en écologie humaine, c'est-à-dire l'interaction des systèmes et des points de vue. Vous avez aussi bien parlé d'éclairages sociologiques, anthropologiques que linguistiques, et comme c'est la règle du jeu, je donne la parole à Anne-Marie HOUDEBINE, Boris CYRULNIK et Max DE CECCATTY — Maurice GROSS ne nous rejoignant que demain —, car je crois que les paroles que vous avez prononcées ont pu les interroger ou les repousser dans leurs derniers retranchements.

Boris CYRULNIK. — COSNIER nous a rappelé que parler pour dire est un préjugé. Or, il se trouve que je n'ai rien à dire sur le langage. Je vais donc prendre la parole. Il a parlé de l'équilibre biocinétique, c'est-à-dire qu'il a employé le terme de « biologie » pour parler du langage, ce qui, il y a quelques années, eût été assez surprenant. Et si l'on a considéré pendant longtemps le langage comme une communication par un seul canal, cela s'insérait peut-être dans le contexte social de la connaissance de l'individu. Actuellement, il semble que l'on soit en train de poser un nouveau regard sur le langage, c'est-à-dire un nouveau regard sur la manière d'être humain, une nouvelle représentation de l'homme. Et la biologie, puisque COSNIER a parlé de biocénose, la biologie, c'est peut-être plus que la biologie moléculaire, que la biologie cellulaire, ou que la biologie de l'organisme, la biologie de ce qui se passe entre deux êtres vivants. A ce moment-là, les canaux de communication sont les canaux de communication sensorielle, c'est-à-dire que si l'on parle, c'est peut-être plus pour produire des sens que pour produire du sens. Alors, puisque BRENOT nous avait dit que nous devions être un peu provocants, je crois que c'est fait.

Anne-Marie HOUDEBINE. — Evidemment, après cette performance, ce balayage pulsionnel, psychologique, écologique, il est difficile d'intervenir. Une petite remarque peut-être : ce n'est pas parce qu'il existe des points de vue nouveaux que les points de vue récents, et même anciens parfois, n'ont pas encore leur efficacité. Il est bien vrai que, quand vous avez dit : « quelle heure est-il ? », il y a quelques siècles, on aurait parlé de citation, au début de ce siècle, avec JAKOBSON, on aurait parlé de fonction métalinguistique, vous avez dit « perlocutoire », avec AUSTIN, et, ma foi, ce qui est important, c'est qu'effectivement les gens sentent qu'il y a une rupture à un moment dans ce type de communication et que des modèles théoriques successifs apparaissent, qui essaient d'expliquer en étant de plus en plus exhaustifs, selon le vœu pieux d'un modèle scientifique qui est le modèle occidental. Au moins, cela nous a montré que nos sciences à prétention exhaustive ne sont pas de tous les temps. Mais, je voudrais rappeler qu'à l'intérieur du langage, il y a aussi la langue et que la langue n'a pas prétention à être le fruit du langage. Vous avez raison de critiquer les linguistes qui ont eu parfois ces fantasmes. Cependant, la langue peut avoir encore de beaux jours de description devant elle, d'autant qu'après tout, il y a des langues qui en ce moment, ici maintenant, à l'heure où je parle, mais un peu plus loin, il y a des langues qui meurent, avec des gens qui meurent, dont évidemment on ne parle pas, parce qu'ils n'ont pas grand-chose à voir avec les ayatollahs, ou Beyrouth... Donc, nous avons encore la responsabilité de décrire ces langues-là, et même de la façon la plus étroite qui soit. Cela peut d'ailleurs faire jouissance pour certains ; donc, cela a déjà non seulement un intérêt, je dirai humain, mais un intérêt subjectif qui n'est pas moins humain. J'allais dire « suggestif apparemment », puisque ma langue fourchait et m'autorisait à entendre que je disais cela. Alors « suggestif », je ne sais pas trop ce que j'ai dit, parce que je crois effectivement que, dans *parler pour ne rien dire*, il y a aussi parler pour dire, sans savoir ce que l'on dit, en avant de soi, comme si la langue pensait aussi, et j'ai beaucoup apprécié toute la fin de votre exposé. Boris CYRULNIK a dit cela aussi avec sa science à lui. Après tout, le point de vue d'un poète comme RIMBAUD ou d'un plus savant peut-être comme FREUD, mais pas mieux-disant, a été de montrer que la notion d'unicité de l'individu n'était qu'un modèle représentatif parmi d'autres et que nous sommes non seulement un autre, mais une et plusieurs autres. Il est tout à fait intéressant de voir effectivement cela dans l'objet le plus archaïque que nous ayons, qui est la voix.

Max DE CECCATTY. — Je suis embarrassé, quand je pense que tout ce qu'ont dit M. Cosnier et les intervenants repose sur les possibilités que leur offrent toutes les cellules qui les composent et, ces cellules m'intéressant un peu et moi sachant un peu comment elles fonctionnent, je pense qu'elles sont en train de se dire : « Bon Dieu, Doux Jésus, qu'est-ce qu'ils arrivent à faire avec tout ce que nous leur offrons ! » Je me croyais dans un monde compliqué, mais franchement, quand je me penche sur l'analyse des communications et du langage chez l'homme, je ne regrette pas de rester dans la cellule. Au fond, ma question est celle-ci : je ne suis plus du tout sûr d'avoir compris la communication du langage au niveau où l'a située M. COSNIER, et j'en suis ravi. Parce que j'ai l'impression qu'à partir du moment où l'on comprend véritablement ce qu'est le langage, ou qu'on prétend avoir compris ce qu'est le langage de l'homme, à partir de ce moment-là, on est sûr de le dénaturer. Alors, est-ce qu'il y a une réponse ou est-ce que ma question est scandaleuse ? Finalement, je ne sais plus du tout à quoi ça sert, le langage. Cela sert à qui ? A celui qui parle, à celui qui écoute, aux deux, à personne ? A nous... pour faire des conférences ou bien... je ne sais plus, compte tenu de l'importance du contexte, de l'importance qu'ont ou que n'ont pas le sens, le geste et tout ce qui accompagne. Avez-vous l'impression qu'il y a une efficacité propre au langage et qu'aucun système de communication ne pourrait s'en passer ?

Philippe BRENOT. — Avant que Jacques COSNIER ne réponde, je suis heureux de noter que le ton de nos conférences est lancé, avec l'intérêt des éclairages multifocaux, des sensibilités très différentes, et du jeu que permet ce contraste. Lorsque Jacques COSNIER a dit de façon provocatrice que, dans le discours du dentiste, il n'y avait à peu près que 10 % de mots utiles, je serai tenté de lui répondre : il n'y a jamais de mots inutiles.

Jacques COSNIER. — Je crois que Mme HOUDEBINE a bien fait de souligner le problème des modèles, car il y a quelque chose qui souvent n'est pas compris : c'est ce que l'on a vécu, en sciences, avec l'idée qu'il y avait une succession de modèles, que les modèles avaient une valeur tout à fait relative et que les modèles nouveaux étaient les meilleurs et remplaçaient les anciens. Or, il faudrait peut-être quitter aujourd'hui cette façon de penser en se disant qu'à un même moment peuvent coexister plusieurs modèles. Nous savons maintenant que les modèles ont une valeur relative dans l'absolu. Mais comme il y a plusieurs modes d'approche, il est évident qu'il va y avoir plusieurs modèles. Et, en particulier, je crois que pour l'étude du langage, de la communication et des langues, il y a là deux grands groupes de modèles : d'abord l'étude des structures telles que la langue ; des systèmes qui sont un peu abstraits, bref tout ce qu'ont défini SAUSSURE et un certain nombre d'auteurs avant lui et après lui : la langue qui reste la langue avec sa définition, sa grammaire, son répertoire, sa chronologie... Mais, à côté de cela, il y a des approches naturalistes, des approches de terrain et d'interaction, cette linguistique de la parole qu'annonçait d'une certaine façon SAUSSURE, mais dont il avait dit honnêtement qu'il ne s'en occupait pas. Personne n'osait le faire, et CHOMSKI est intervenu en faisant pas mal de dégâts, à mon avis, parce qu'il déclarait que cela était impossible et pas intéressant, que seule l'étude des compétences avait un intérêt, et non celle des performances. C'est donc en réaction avec les attitudes très dogmatiques de CHOMSKI, qui ont fait aussi son succès, que sont apparues, en tout cas chez les sociolinguistes, les racines modernes et actuelles de l'interactionnisme. Mais cela étant dit, les sciences de la performance ou de l'approche des méthodologies naturalistes ne s'opposent pas aux précédentes. Elles coexistent parce qu'elles recouvrent un terrain qui n'était pas jusqu'à présent défriché, parce qu'il n'était pas considéré comme ayant une valeur scientifique quelconque. Il n'y avait pas là un objet de science. Quand on s'intéressait à la langue, on s'intéressait aux énoncés canoniques, c'est-à-dire aux énoncés corrects. Or, pour qui s'occupe d'énoncés performatifs, la télévision en particulier, il est évident que CHOMSKI est inutilisable. C'est-à-dire que pour les gens qui cherchent à aborder le langage tel qu'il existe sur le terrain, on s'aperçoit que tous les beaux modèles linguistiques, qui cependant ont eu leur valeur parce que c'est grâce à eux que l'on peut formaliser les grammaires, ne servent pas à grand-chose. Il faut donc créer de nouveaux modèles qui n'excluent pas les premiers. Je crois qu'il faut bien insister là-dessus, car on se heurte très souvent à une espèce de terrorisme intellectuel qui fait que, quand il y a un modèle, cer-

tains ont tendance à croire que c'est le seul, que c'est le meilleur, que c'est l'unique.
Cela me permet de revenir sur la biologie et sur ce qu'a dit CYRULNIK tout à l'heure. Oui, bien sûr, tout appartient à la biologie. Je pense que les deux biologistes qui m'entourent seront d'accord là-dessus : l'être humain est un animal, et un animal qui a des caractères particuliers puisque, justement, il a ce langage. Mais il obéit, bien sûr, dans sa physiologie, aux lois de la nature et il n'y a pas une biologie proprement humaine. Quand Max DE CECCATTY dit « la cellule », que cela soit une cellule humaine ou une cellule animale, je ne crois pas qu'il y ait une grande différence. Et quand on étudie l'homme, on étudie bien sûr, là aussi, un animal. Alors, je voudrais signaler la chose suivante : c'est que l'écologie fait partie des sciences biologiques. C'est justement à cause de cet aspect matérialiste des modèles qu'on est arrivé à considérer que la biologie des psychologues serait les neurosciences. Nous voyons bien que cela est faux. J'en profite pour dire que les neurosciences, qui sont aussi les sciences de la compétence, interviennent ; mais aussi l'écologie, c'est-à-dire les rapports de l'individu et de son milieu, essentiels pour comprendre toutes les activités relationnelles et donc le langage, puisque le langage sert aux équilibres biocénotiques humains. Il sert aussi à démolir les équilibres biocénotiques des autres qui ne sont pas humains.
Alors, à quoi sert le langage ? Je réponds à Max DE CECCATTY : c'est que justement le langage sert à des choses qui nous dépassent probablement, c'est-à-dire que jusqu'à ces dernières années, c'était plutôt rassurant, il n'y avait que l'*Homo sapiens* qui avait le langage. D'accord, c'était déjà un privilège sur les autres. On était plus malin, plus intelligent. Et à quoi cela nous servait-il ? A transmettre des informations et des représentations. On pouvait donner, dans un système conventionnel, des représentations sur nos représentations mentales et transmettre cela à autrui. Donc transmettre une représentation mentale qui, elle-même, était une représentation de l'univers. Mais c'était un camouflage, un leurre. Il apparaît aujourd'hui que c'est un leurre partiel, mais il est vrai que cela marche comme ça. C'est un leurre parce que la plupart du temps cela ne sert pas à ça. Que ce soit chez le dentiste, que ce soit n'importe où, on constate qu'on s'en sert pour faire d'autres choses, par ailleurs très utiles. On ne s'en sert pas seulement pour ne rien dire, mais pour camoufler tout ce qu'on dit. On s'en sert pour ne rien dire parce que l'on ne veut pas dire ce qu'on a à dire. On s'en sert aussi parfois, comme le rappelle Mme HOUDEBINE, pour dire sans le dire, sans même en avoir conscience, et tout en disant. Et puis l'on s'en sert pour accomplir des actes que l'on pourrait accomplir d'ailleurs sans parler, sans utiliser un lan-

gage. Quand on compare les fonctions décrites par JAKOBSON, on s'aperçoit en fait qu'il n'y a qu'une seule fonction qui différencie le langage humain des autres systèmes de communication : c'est justement cette fonction représentative, parce que les autres existent. La fonction poétique, puis la fonction métacommunicative et, enfin, la fonction cognitive, bien entendu !

Nicolas ZAVIALOFF. — Monsieur COSNIER, après votre exposé, on a l'impression que vous considérez que le non-verbal est exclu du verbal. J'entends par là que les composantes telles que l'intonation, le rythme, la tonalité, le ton et le vibrato qui accompagnent chaque mot ou chaque phrase font partie du langage verbal, et même permettent de lier le verbal au non-verbal, c'est-à-dire le substrat biologique à la production du langage verbal. On peut reconnaître qu'un mot devenu abstraction, c'est-à-dire représentation abstraite, ne perd pas son investissement sensoriel dont parlait M. CYRULNIK et au contraire nous renvoie à cette dimension biologique du langage. Est-ce que la notion de vocalité que vous avez employée correspond à ce que les linguistes qui s'intéressent à la prosodie considèrent comme non verbal dans le verbal ?

Jacques COSNIER. — Vous êtes linguiste, par conséquent vous avez réponse à votre propre question. Bien entendu, il y a une partie de la vocalité qui est intégrée dans la verbalité, dans le système phonologique. Mais il y a toute une autre partie qui ne l'est pas. Il y a ce qui s'écrit et ce qui ne s'écrit pas. Ce qui ne s'écrit pas fait partie, mais peut-être pas totalement, de ce que j'appelle la vocalité, c'est-à-dire des phénomènes qui échappent au code linguistique officiel et qui font la langue. La prosodie va correspondre effectivement à une partie de ces éléments, mais il y en a beaucoup d'autres qui vont faire partie de ce non-verbal. Le modèle du verbal, c'est bien sûr la dérivation de la langue parlée que l'on écrit. Nous savons bien, pour qui fait des transcriptions de dialogues concrets, que c'est tout à fait difficile. Quand on fait des transcriptions, on est mis en difficulté, et très souvent on est obligé de fabriquer soi-même de petites ficelles pour pallier les insuffisances. Je pense qu'il n'y a pas de réponse plus précise à ce que vous dites, sinon que l'on a forcément tendance dans la vie courante à confondre vocal et verbal, parce que pour nous c'est tellement associé. Je vais essayer de vous montrer à quel point le verbal est inadéquat pour décrire les représentations spatiales. C'est un système de petits carrés qui figurent des représentations mentales qui les affectent ; puis il y a deux lignes qui vont aboutir l'une au verbal et l'autre au geste. J'ai greffé dessus, dans ce schéma, une flèche qui part justement du côté du non-verbal pour rejoindre le côté verbal, avec les phénomènes vocaux, parce qu'évidemment le verbal est réalisé par l'activité vocale, donc ils sont étroitement associés. Si vous dites : « tu parles », il est tout à fait facile d'écrire : « tu parles », et de le traduire en plusieurs langues. Mais si l'on ajoute à « tu parles » plusieurs intonations, si l'on ajoute, en plus, des mimiques, on s'aperçoit tout de suite qu'il y a une grande quantité de possibilités et que le langage les prévoit. J'ai séparé la partie verbale de la langue de la partie non verbale, parce que je pense que c'est l'ensemble qui forme le langage et de façon étroitement associée. Donc je les sépare, oui, mais en même temps je les réunis.

Anne-Marie HOUDEBINE. — Je voudrais faire une petite remarque de linguiste généraliste sur ce qu'on a appelé la prosodie ou le vocal dans le verbal. C'est, si vous voulez, les hauteurs de voix, la mélodie et le ton de la voix. Or il se trouve que si, en français, cela participe de la gestualité vocale, il existe des langues où cela participe de la langue. Par exemple si je dis « maï », la seule différence de hauteur avec « maille » donne une différence d'information analogue à celle qui existe en français, par exemple entre poule et boule. En l'occurrence, il s'agissait d'acheter ou de vendre dans un dialecte de Pékin. Donc le ton de la voix, en français, participe de la gestualité, alors que le ton en chinois participe de la langue. Et en règle générale, quand on parle de prosodie, il faut aussi faire attention à la langue à laquelle on renvoie ou au langage dont il s'agit ; mais il est vrai qu'on peut considérer cela comme un universal que toutes les langues, ou les codes que sont les langues, ne coderont pas tout entière la possibilité de cette gestualité vocale.

Philippe BRENOT. — Cela nous amène à penser que la langue, c'est bien compliqué. Tout à l'heure, j'ai entendu que les théories ne rendaient pas convenablement compte de ce qui se passe dans la langue ou en rendent peu compte, contrairement au lieu commun qui dit : « j'ai l'impression de savoir ce qu'est la langue puisque je parle ! » On a décrit la gestualité, le non-verbal et aussi l'énoncé, cela nécessite effectivement d'accepter de laisser tomber les a-priori selon lesquels on connaît la langue. Evidemment, ce qu'on entend là, on n'en connaît pas le premier mot.

Anne-Marie HOUDEBINE. — Et on fait comme monsieur Jourdain, même si on ne connaît pas, on parle et on comprend.

Boris CYRULNIK. — Oui, mais en clinique, il semble qu'on parle le chinois sans le savoir, parce qu'on utilise par exemle ces intonations pour ce qu'on appelle les diagnostics. Certains diagnostics cliniques sont en fait une sorte de maquignonnage ; c'est l'expérience du maquignon : la clinique, c'est une vraie science ! Quand les gens disent : « J'ai mal à la tête », en fait, c'est une information codée : « j'ai-mal-à-la-tête ». Alors, on leur dit : « Mais comment avez-vous mal à la tête ? » — « J'ai mal là ! » — « Ah ! c'est une céphalée. » Comment avez-vous mal à la tête ? » — « J'ai mal, oh là là ! » — « Alors, c'est une céphalalgie », beaucoup plus dangereuse. « Et comment avez-vous mal à la tête ? » — « Oh là là ! » — « Alors là, c'est une migraine. » C'est-à-dire qu'en fait la gestualité et la vocalité participent à notre diagnostic.

Jean MARVAUX. — Je ne vais pas revenir sur la clinique, parce je crois que c'est beaucoup plus riche que le chinois. Monsieur COSNIER, je suis un peu resté sur ma faim parce que votre intervention était trop riche et j'avais plutôt envie d'une marche que d'un marathon. Alors je vais faire trois remarques. La première est une question : vous avez parlé du langage des sourds et je voudrais vous demander ce que vous pensez de la communication de certaines personnes qui n'utilisent pas le langage verbal alors qu'elles pourraient l'utiliser ; par exemple : les trappistes. Ma deuxième remarque concerne les interactions dont vous avez parlé à plusieurs reprises entre une mère et son tout petit enfant, le nourrisson. Ce qui se passe est une communication entre le neurophysiologique (le nourrisson) et le psychologique (la mère), et il est sûr qu'à ce moment-là intervient tout un système de communication où chacune des deux parties a, en quelque sorte, un droit de veto pour qu'il y ait équilibre. Il faut que les deux soient d'accord pour que cela puisse marcher. Il y a des questions qui partent du conscient pour aboutir à l'inconscient et inversement. Que pouvez-vous dire de plus là-dessus ? Enfin, je voudrais terminer par une troisième remarque sur la formule que vous avez employée : *parler pour ne rien dire*, qui est, je pense, la manière la plus catégorique pour enfermer quelqu'un dans son dire, pour couper toute communication. Non seulement cela souligne que cela n'a pas de sens ou qu'on ne s'intéresse pas au sens qu'il veut transmettre, mais c'est peut-être aussi, du moins dans certains cas, nier ce qu'il y a de plus corporel dans la communication, c'est-à-dire la voix. Car déjà, ne l'oublions pas, LUCRÈCE disait que la voix est corporelle.

Jacques COSNIER. — La dernière remarque : *parler pour ne rien dire* est une expression populaire, mais ce que j'ai essayé de montrer, c'est qu'aujourd'hui cela ne se pose pas dans ces termes, c'est-à-dire *parler pour ne rien dire* car *rien dire* c'est assez fréquent si l'on considère que dire c'est transmettre une information. C'est ce que j'ai voulu expliquer en essayant de montrer qu'aujourd'hui, on dit *parler pour ne rien dire*. On peut *parler pour ne rien dire* et on le fait quotidiennement, mais on ne peut pas *parler pour ne rien faire*, c'est-à-dire qu'on fait quelque chose en parlant. C'est particulièrement important pour les psychanalystes. Lorsque FREUD a découvert le transfert, il cherchait à comprendre ce qui se passait, en pensant que sous le *dire* il y avait un autre *dire* : il allait de *dire* en *dire*. Et il s'est aperçu que les patients, en disant, étaient en train de *faire* quelque chose, de *lui faire* aussi quelque chose, c'est ce qu'il a appelé « le transfert », c'est-à-dire que l'important était ce qui se faisait, plus que ce qui se disait. La psychanalyse a changé de forme à ce moment, avec l'analyse du transfert, et a abandonné sa forme herméneutique primitive qui se retrouve dans toutes les œuvres de FREUD aux environs de 1900. Donc, *parler pour ne rien dire*, je le répète, c'est une formule populaire qui n'est pas fausse, mais on doit garder à l'esprit que lorsqu'on ne dit rien, on fait cependant quelque chose. C'est d'ailleurs ce que disait madame HOUDEBINE en affirmant : « Quand on dit quelque chose, on ne sait pas forcément ce que l'on dit », il y a toujours quelque chose qui se fait ou qui se passe, et puisque vous faites allusion à la voix, il est certain que, ne serait-ce que l'activité locutoire, c'est-à-dire la masse vocale qui sort, c'est déjà quelque chose, c'est déjà *faire quelque chose* qui, parfois, est essentiel pour ce que l'on peut appeler la régulation personnelle.

Mais passons au langage des sourds et des trappistes. Là, c'est très facile de répondre parce que effectivement c'est une langue. Les sourds ont élaboré une langue gestuelle. On a mis cependant très longtemps à accorder à leur système de communication un statut de langue, parce qu'il était très gênant de penser qu'il y avait des langues non verbales. SAUSSURE lui-même citait la langue gestuelle dans les systèmes de sémiologie en pensant que c'était en quelque sorte une dérive de la langue verbale. Il est vrai qu'il existe des langues dactylologiques, qui ne sont que des transcriptions ou des traductions de la langue verbale. La langue des sourds est une langue tout à fait autonome avec une grammaire et des répertoires particuliers, parce qu'elle se déroule dans une situation tridimensionnelle. Il n'y a pas que les sourds, et classiquement on cite également les trappistes, les anciens Napolitains, les Amérindiens des grandes plaines et enfin certains langages techniques. Avec la crise de la Bourse, vous avez pu voir un exemple de langues gestuelles très développées et assez difficiles à comprendre pour les néophytes. Quant à l'interaction mère-nourrisson, je serai assez peu d'accord pour dire que c'est une interaction entre neurophysiologie et psychologie. Je n'aime pas bien ces catégories-là ; je trouve que tout est neurophysiologique puisque deux cerveaux sont l'un en face de l'autre. Et puis, tout est psychologique en même temps. Actuellement, l'éthologie, c'est-à-dire la méthode naturaliste, montre que le nourrisson est déjà très compétent et de façon très précoce. Il a des systèmes de traitement et d'émission de l'information qui sont déjà très au point pour communiquer avec sa mère ; et la mère elle-même a une compétence, à son insu, pour émettre et recevoir. C'est pour cela que l'espèce humaine existe encore. Ce sont des systèmes que toutes les mères connaissaient, mais il a fallu longtemps aux scientifiques pour s'apercevoir que c'était juste et que l'on pouvait communiquer de façon très précoce et très efficace avec les nourrissons. Il a fallu de grands détours par la science pour admettre une chose aussi banale.

Max DE CECCATTY. — Je suis frappé par les interventions qui insistent les unes et les autres sur tout ce que le langage charrie et qui n'est pas du langage. Cela me paraît en même temps très important et très trivial. Je pense que beaucoup d'entre vous ont dû faire l'expérience des trois gradations possibles. Avez-vous essayé d'avoir une idée réelle, profonde, de ce qu'a pu être un discours si vous n'en avez comme trace que la sténotypie ? Dans la sténotypie, vous n'avez aucune trace autre que les signes des mots. Comparez sténotypie et enregistrement magnétique. Là, vous avez les intonations, le rythme, la chanson. Et comparez maintenant la sténotypie, le magnétophone et un discours enregistré en vidéo : vous avez un plus. C'est une évidence pour tout le monde qu'en plus de ce qui est fait et dit à ce moment-là, le langage charrie bien autre chose. Il devient de plus en plus créateur au fur et à mesure que vous passez de la sténotypie au magnétophone et à la vidéo. Alors, comment le traduire en termes spécialisés ? Je ne sais pas, mais cela fait partie de tout système de communication. Je ne voudrais pas en dire trop pour ne pas déflorer ce que je développerai, mais il est vraiment très caractéristique que, dans les phénomènes de communication, le langage en soit un et par exemple au niveau de celui qui écoute, l'individu se trouve constamment devant des problèmes de synergie. Il ne fait pas qu'entendre, qu'écouter la parole de l'autre, il est aussi sous son regard. Dans tout système de communication, qu'il soit chimique, électrique ou que ce soit le langage verbal humain, il y a constamment une synergie entre une multitude de signaux. La difficulté c'est que, pour des raisons que je crois strictement scientifiques et didactiques, on est amené à étudier un type de langage et on a alors tendance à isoler le verbal de tout ce qui l'entoure. C'est totalement dénaturer le langage verbal que de l'amputer de tout ce qu'il charrie et qui n'est pas directement verbal.

Philippe BRENOT. — Ce que vous venez d'évoquer m'amène, à l'encontre de ce que disait Jacques COSNIER tout à l'heure, à penser qu'*on ne parle jamais pour ne rien dire*. Que ce soit du verbal, du non-verbal, que ce soit des à-côtés du langage, ce *parler pour ne rien dire* me paraît fondamentalement faux.

Anne-Marie HOUDEBINE. — Je voulais rappeler, par deux points de vue, que *rien*, cela veut dire *quelque chose* si l'on est un petit peu historien (pas seulement à cause de la rime, mais parce que *rem* en latin veut dire *chose*), et que si l'on est dans le temps de cette communication, c'est-à-dire du français actuel, on peut se rappeler, comme le fait très bien Raymond DEVOS, qu'« un petit rien c'est déjà quelque chose », et que « même si trois fois rien ce n'est pas grand-chose », on peut dire que là, on dit quelque chose en ne disant *rien*.

Max DE CECCATTY. — Mais *parler pour ne rien dire*, ce n'est pas *rien dire*, cela communique quand même, donc cela a une fonction. Même si l'on n'a rien dit, on a quand même fonctionné.

Anne-Marie HOUDEBINE. — Monsieur COSNIER, ce n'est pas très clair pour moi quand, par le mot d'esprit que vous faites parlant du transfert, vous passez de *dire* à *faire*. Parce que même avec le rapprochement freudien que vous avez fait (c'est vrai que FREUD parle de travail, de *Durcharbeiten*, c'est-à-dire de perlaboration), est-ce que cela ne participe pas de quelque chose qui est de la fonction symbolique plus que de l'action ? Peut-être n'ai-je pas très bien compris, mais quand vous dites *faire*, j'ai toujours l'impression que cela passe à l'acte, et je ne suis pas sûre que passer à l'acte ce soit déjà produire un acte. Et produire un acte, c'est produire un signe ou faire une signature, c'est-à-dire inscrire quelque chose. Et là, c'est plus du côté de la fonction symbolique.

Jacques COSNIER. — Nous avons toujours vécu sur cette idée que l'essentiel c'est la fonction symbolique et la fonction représentative, et le dire a souvent été associé à cet aspect. SAUSSURE n'a étudié comme signes que ceux qui fonctionnaient selon le type du rapport signifiant-signifié, mais dans le langage, il est bien évident qu'il y a beaucoup d'autres signes. Ce qui différencie la communication humaine des communications animales, c'est l'existence de cette fonction représentative ou symbolique, et seule l'espèce humaine utilise aussi le langage pour faire d'autres choses qui sont justement des actes que l'on peut faire sans langage. Finalement, une des principales fonctions du langage, c'est le mensonge. D'ailleurs, cela a bien souvent été dit : qu'est-ce qui fait que l'on a affaire à un langage ? C'est qu'on peut mentir.

Anne-Marie HOUDEBINE. — Oui, pour le moment, on arrive à cela : après avoir énuméré une vingtaine de critères, ce qui paraît la caractéristique du langage humain, c'est le mensonge. Mais en quoi le mensonge est-il une qualité importante ? Est-ce que les animaux trompent ? Est-ce que les animaux mentent ?

Jacques COSNIER. — Les animaux le font, et je pense que CYRULNIK nous le dira. Mais dans l'espèce humaine, grâce au langage, on peut plus facilement le faire et on le fait quotidiennement. On ne le fait pas seulement pour l'autre, mais aussi pour soi-même ; c'est-à-dire que le langage est aussi un système majeur par lequel on se raconte des histoires à soi-même. On est d'ailleurs celui qui croit le mieux aux histoires qu'on raconte. Cela pose le rapport du langage et de la pensée. Les plus grands linguistes de la première moitié du siècle étaient persuadés que pensée et langage étaient identiques. Inséparables. Or, il est bien évident qu'aujourd'hui cela apparaît complètement faux. La pensée est un système plurisémiotique, et la difficulté, pour parler, c'est qu'on est obligé de transformer en mot, dans un système linéaire, quelque chose qui ne l'est pas, et cela apparaît plus compliqué qu'avant.

Max DE CECCATTY. — On reconnaît qu'on peut parler sans penser.

Jacques COSNIER. — En tout cas, on peut penser sans parler, et beaucoup d'auteurs ont pensé que notre manière d'organiser notre vision du monde était déterminée par notre langue. Il y a beaucoup d'arguments pour dire cela. Mais au-delà, il apparaît aujourd'hui que notre manière d'organiser nos rapports sociaux intervient aussi. Il est bien évident, dans la vie quotidienne, que beaucoup de choses sont organisées par la langue, mais pas uniquement par la langue.

Claude BENSCH. — Dans une perspective éthologique, quelle serait la valeur adaptative du *dire*, si ce n'est pas un *faire* ?

Boris CYRULNIK. — Pourquoi as-tu fait cet acte de parole ? *(rires).*

Edgard PICCIOTTO. — Je voudrais terminer sur une question saugrenue, d'un non-biologiste. Vous semblez faire de la communication l'apanage des systèmes vivants, mais je crois que Philippe BRENOT a très bien dit qu'il n'y a pas de système organisé sans communication entre ses éléments. Alors, je me permets d'extrapoler une idée qui me tourmente depuis longtemps. Par exemple, prenons le système solaire : est-ce que, pour vous, il y a communication entre le Soleil et les planètes ? Parce que, en fait, elles sont à leur place, elles savent ce qu'elles font et il y a échange permanent sous la forme de ce que nous appelons pompeusement « champ gravitationnel », alors que personne ne sait ce que c'est.

Philippe BRENOT. — Je crois par cette passionnante question que vous apportez des éléments de réponse à nos interrogations. J'ai avancé que la vie implique la communication, vous avez entendu cette assertion, et il y a sûrement différents niveaux de compréhension de ce terme de communication. On comprend alors l'intérêt d'une telle réunion lorsqu'un géochimiste montre les limites de l'éthologie et de la linguistique et permet brillamment (on parlait d'étoiles !) de clore cette première discussion.

LES COMMUNICATIONS CELLULAIRES
Max Pavans de Ceccatty
*Professeur émérite de biologie cellulaire
à l'université Claude-Bernard, Lyon I*

NOMBRE, NIVEAUX ET MÉTAPHORES

La vie est communication ; c'est-à-dire échange de signaux simples ou de messages complexes entre les éléments constitutifs des êtres vivants et des populations qu'ils forment. Tous les niveaux d'organisation biologique sont en cause : molécules, macromolécules, cellules et tissus, organismes pluricellulaires complexes, groupes et sociétés, etc. Ces signaux et messages n'ont pas toujours un sens, une valeur opératoire, pour tous les éléments qu'ils atteignent. Heureusement d'ailleurs, car il en circule un si grand nombre, et de natures si souvent contradictoires, qu'aucun système ne pourrait survivre en répondant à tous. Autrement dit, la valeur informative d'une communication n'apparaît qu'au terme du processus de transfert qui va de l'émission à la réception, et n'a de signification que par la réaction qu'elle déclenche, et qui dépend du récepteur.

La caractéristique générale des communications est d'abord celle d'une inflation d'émissions informatives ; inflation nécessairement compensée par un filtrage sélectif de la réception.

Dans le milieu qui environne les molécules, les cellules ou les individus, l'ambiance des communications est saturée par des millions de signaux dont chacun n'est perçu que par un nombre limité d'éléments : ceux qui possèdent les récepteurs adéquats susceptibles de mettre en œuvre une réponse particulière qui traduit l'information reçue et comprise.

Prenons un exemple à l'échelle de nos sociétés et de notre histoire humaine. Voici un message transmis par la radio le 5 juin 1944 : « Les sanglots longs des violons. » Il fut émis par une station anglaise, à partir de Londres. Ne l'entendirent que les personnes qui, à l'heure voulue, et en possession d'un appareil récepteur branché sur la bonne longueur d'onde, s'étaient mises à l'écoute. Ne le comprirent, pour le traduire ensuite en actes, que quelques partisans de la Résistance française capables d'en décoder le sens véritable. Non pas le sens d'une simple complainte. Non pas celui, plus précis, des premiers vers d'un poème de VERLAINE. Mais celui annonçant pour le lendemain le débarquement des forces alliées en Normandie.

En revenant au niveau cellulaire, doit-on distinguer, dans les informations qui circulent, les signaux simples des messages complexes ? En réalité, si dans les théories classiques le signal est souvent considéré comme la composante élémentaire d'un message constitué d'une combinatoire de signaux, en biologie, les deux mots sont indifféremment utilisés l'un pour l'autre dans la plupart des cas (à l'exception, notable, des mécanismes bio-électriques de l'influx nerveux).

Quoi qu'il en soit, le flux des informations est donc inflationniste au départ, sélectionné à l'arrivée, et il intervient à tous les niveaux des organisations biologiques. A l'intérieur même de la cellule, son analyse relève de la biologie moléculaire. Puis les flux qui relient les cellules entre elles participent de la biologie cellulaire et, si l'on envisage les interactions entre des populations cellulaires, tissus et organes, au sein d'un organisme individuel, on entre ainsi dans le domaine de la physiologie. Lequel déborde jusqu'à la psychophysiologie ou encore l'éthologie, la science des comportements. Le biologiste doit-il passer la main, au seuil de la psychosociologie ?

Aucune véritable rupture n'apparaît entre les divers degrés de structuration de tous ces systèmes biologiques qui se présentent plutôt comme un emboîtement de poupées russes dont il est vrai que l'on voit mal comment on pourrait faire entrer la plus grande dans la plus petite : réduire les comportements à la biologie moléculaire. Mais il est vrai aussi que l'on ne

saurait admettre que la plus grande soit vide : vide de cellules.
Nous devons procéder avec l'arrière-pensée de déceler la continuité des phénomènes derrière tous les changements progressifs de complexité qu'ils présentent. Peut-être ne faut-il pas hésiter à transposer directement de la cellule à l'homme un certain nombre de questions, tout en évitant, autant que possible, une transposition rudimentaire des réponses.
En vérité, cette transposition ne devrait plus être, aujourd'hui, l'arrière-pensée de quelques biologistes, c'est-à-dire une intention qu'ils dissimuleraient. Ce doit être, clairement, une avant-pensée, avec les risques auxquels elle s'expose : ceux des métaphores.

LE DEDANS DES CHOSES

L'étude des communications moléculaires à l'intérieur de la cellule nous enseigne quelques principes simples.
Le mieux connu des systèmes mis en œuvre à ce niveau est celui qui part du code génétique, enfermé dans les chromosomes, pour aboutir à la fabrication terminale d'une protéine qui traduit ce code. En effet, dans les chromosomes, notre héritage d'*information* est contenu sous forme de gènes constitués de filaments d'ADN (acide désoxyribonucléique). Ce sont nos *sources*, qui *émettront* leurs *signaux, codés* eux-mêmes sous la forme de filaments d'ARN (acide ribonucléique), transcrivant ainsi ceux de l'ADN génétique. Cette transcription moléculaire est destinée à quitter le noyau qui abrite les chromosomes pour trouver son impact dans le cytoplasme. Elle correspond à un *message* : c'est la raison pour laquelle la molécule d'ARN-transcrit porte le nom d'ARN *messager*. Celui-ci sera déchiffré dans le cytoplasme par des *récepteurs* qui se présentent comme des grains agissant comme autant de têtes de lecture, et qui parcourent les filaments d'ARN pour en *traduire* le message. Cette traduction aboutit à la synthèse d'une protéine dont on dit qu'elle exprime le gène finalement décodé. En dernier ressort, la protéine participera au fonctionnement de la cellule et de ses rapports avec d'autres cellules.
Ce processus ne se résume pas à un enchaînement linéaire, univoque, de différentes étapes. La protéine finale peut rétroagir, directement ou indirectement, sur le gène pour contrôler l'émission initiale.

Tous les niveaux biologiques sont susceptibles de nous révéler ainsi des systèmes de communication multiséquentiels, à régulation cybernétique. On y décèle des émissions codées de signaux messagers, qui sont transférés jusqu'à des récepteurs où ils se fixent et sont traduits.

D'une manière générale, la question se pose alors de savoir si l'émission initiale est spontanée ou provoquée. A quel commandement obéit l'ADN qui transcrit son ARN messager ? Comme dans tout autre système, les deux possibilités de commandement existent. Lorsque l'émission est spontanée, c'est qu'elle obéit à la pulsion d'une sorte d'horloge interne de la cellule dont certains processus peuvent se déclencher automatiquement et périodiquement. Lorsque l'émission est provoquée, la cause doit en être recherchée dans un signal extérieur à la cellule, dans son environnement et donc dans un autre circuit de communication, en amont de la source. Il faut remonter jusqu'à l'origine de ce signal extérieur et jusqu'à son émission qui, à son tour, a pu être spontanée ou provoquée, etc.

Combien de fois le psychologue ou l'historien n'ont-ils pas été conduits à rechercher soit les horloges internes des individus ou des sociétés, soit les provocations qui les sollicitent, et ce, afin de déchiffrer l'énigme de nos comportements singuliers et collectifs ? Et parfois, jusqu'où n'ont-ils pas dû remonter dans le temps et les générations ? On remarque donc que la longueur et la complexité des circuits de communication multiséquentiels peuvent varier à l'infini.

LES PRATIQUES
DES RELATIONS INTERCELLULAIRES

La vie ne s'exprime pas qu'à l'intérieur de la cellule... Elle se manifeste aussi dans les interactions de la cellule avec d'autres cellules et avec l'ensemble de son environnement. En un mot : la cellule en soi n'existe pas ; il n'y a que des cellules en situation.

Pour ce qui nous intéresse au premier chef, nous-mêmes, toutes nos cellules sont en interaction d'abord au sein de l'organisme qui constitue chacun de nos individus. La problématique change et passe du niveau moléculaire au niveau d'une biologie pluricellulaire. L'édification des tissus, des organes, des appareils divers implique une problématique relationnelle, une biologie de populations cellulaires ; et les communications s'inscrivent alors dans le cadre d'une sociologie cellulaire.

A l'intérieur de l'entité pluricellulaire constituant un organisme animal comme le nôtre, les systèmes de communication présentent trois cas de figure, trois modalités de fonctionnement.

La diffusion généralisée

Selon la première modalité, les cellules qui sont éloignées les unes des autres, et qui ne se déplacent pas, communiquent entre elles à distance, en diffusant leurs messages dans les espaces qui les séparent. Cette diffusion à distance s'effectue en suivant des cheminements divers, dans les canalisations sanguines ou lymphatiques ou simplement dans tous les interstices possibles. Le cas exemplaire est fourni par la diffusion des hormones depuis les cellules émettrices, sécrétrices d'une glande endocrine jusqu'aux cellules réceptrices, considérées comme des cibles. En réalité, ces cibles n'ont pas été visées. La diffusion, non directionnelle, s'étend vers toutes les cellules de l'organisme et toutes, effectivement, seront atteintes. Mais seules fixeront, liront et interpréteront le message hormonal les cellules qui possèdent des structures de capture et de traduction des hormones en cause ; c'est-à-dire seules celles qui possèdent les récepteurs voulus. Il est par conséquent évident que cette technique d'émission et de diffusion tous azimuts comporte des risques importants de déformation et de parasitage du message à cause des distances parcourues, et qu'elle entraîne une déperdition considérable d'informations sous forme de molécules hormonales non utilisées par les cellules dépourvues de récepteurs fonctionnels.

> Qui ne voit l'analogie avec les systèmes de communication utilisant les ondes hertziennes et la radiophonie ? Emis par des stations spécialisées, les messages sont transmis dans toutes les directions de l'espace, mais ne sont captés que par les postes récepteurs réglés sur la bonne longueur d'onde. Il est ainsi des millions de signaux qui errent, sans écoute, ou qui imprègnent la totalité de l'atmosphère au bénéfice d'un petit nombre de capteurs. Cette déperdition polluante est même

devenue un problème national et international en ce qui concerne l'encombrement des canaux utilisant la modulation de fréquence. Pour la radio comme pour le système hormonal, nous retrouvons les caractéristiques déjà évoquées de l'inflation des informations au départ et de la réception sélective à l'arrivée. Apparemment égalitaire parce que les émissions s'adressent à tout le monde, ce système est, de fait, particulièrement discriminatoire au terme de son déroulement et de la sélection qu'il implique. Sa productivité est remarquablement faible. Il n'est pas économique. C'est la rançon de sa modalité de diffusion, à distance et non ciblée.

La transmission câblée

La seconde modalité de communication cellulaire concerne aussi la communication à distance de cellules qui ne se déplacent pas, mais qui utilisent, cette fois-ci, non plus la diffusion généralisée, mais la transmission par l'intermédiaire de circuits fixes de câbles interconnectés ; ceux-ci relient chaque cellule émettrice à des cellules réceptrices parfaitement ciblées et munies des capteurs adéquats. Ce système de transmission directionnelle constitue donc un réseau câblé tout entier discriminatoire. Dans nos organismes, il est représenté par le système nerveux qui délivre et transmet des messages sous forme électrique et chimique le long d'un réseau de nerfs dont les points d'impact sont rigoureusement déterminés, ces points ayant été mis en place et définis au moment du développement embryonnaire. Cette structure fonctionnelle n'est pas seulement discriminatoire ; elle se caractérise aussi par l'extrême rapidité de ses transmissions et par l'absence de déperdition polluante. Son inconvénient réside dans le coût, en temps et en complexité, de son installation. On constate ainsi que le système hormonal a sensiblement peu évolué tout au long de la série animale depuis les êtres les plus primitifs, tandis que le système nerveux, dans ses perfectionnements et sa complexification progressive, est devenu l'axe majeur d'une évolution graduée.

> Pour un tel cas de figure, la métaphore la plus suggestive est fournie par les circuits téléphoniques ou la télévision par

câble (encore que ces deux systèmes soient sensiblement différents l'un de l'autre, malgré leurs points communs). Dans la communication téléphonique, aucune dispersion ne s'opère entre l'émetteur du message et le récepteur, l'un et l'autre étant reliés par un branchement propre qui, en outre, ne devient utilisable que par consentement réciproque (établi grâce au code numéroté d'un annuaire et le signal d'une sonnerie). Hautement productif, puisque chaque communication a son sens et son efficacité et qu'aucune n'est émise en l'absence de tout récepteur, ce système est par ailleurs moins sensible aux parasitages possibles.

Les contacts directs

La troisième modalité de fonctionnement dont disposent les mécanismes de communication intercellulaire apparaît lorsque les cellules sont mobiles et se rencontrent au cours de leurs déplacements pour établir entre elles des contacts et des échanges directs, soit provisoires et labiles, soit définitifs à travers des jonctions fixes.

Il est relativement facile d'observer, de la sorte, les rassemblements provisoires qui ont lieu parmi les cellules du sang, les globules blancs en particulier. Ces derniers se réunissent dans les ganglions lymphatiques ou dans la rate, s'accolent temporairement et échangent des messages qui conduisent les uns à phagocyter des bactéries, les autres à fabriquer des anticorps et à organiser ainsi, tous ensemble, la défense de l'organisme. C'est la base fondamentale des phénomènes immunologiques.

La difficulté de ces mécanismes réside dans la nécessité de limiter les rencontres et les coopérations aux seuls éléments cellulaires concernés par le problème en cause. Se rassembler, certes, mais pas avec n'importe qui pour faire n'importe quoi. Pour les cellules sanguines du système immunitaire, la discrimination s'opère grâce à des molécules de reconnaissance que ces cellules portent à leur surface et qui, comme des insignes, sont réciproquement lues par tous les éléments qui se rencontrent. Chaque élément cellulaire reconnaît son interlocuteur comme faisant partie du même organisme que lui et, plus subtil encore, comme faisant partie du même groupe de cellules immunitaires. Et ce n'est qu'après l'établissement de cette reconnaissance réciproque que les échanges d'informations en vue d'une coopération fonctionnelle peuvent avoir lieu.

> Ce type de communication, effectué par des contacts transitoires, réversibles, entre éléments qui se déplacent et se rassemblent le temps d'échanger des signaux directs, évoque ce qui se passe, à notre échelle, dans toutes sortes de réunions, depuis les classes de l'école obligatoire jusqu'aux colloques spécialisés et meetings divers. Et nous n'aurons pas à accomplir de difficiles recherches pour trouver, dans nos relations humaines, les codes de reconnaissance et les insignes qui soumettent nos rencontres à un certain nombre d'affinités préalables ; que ce soit le code matériel d'une carte d'identité, une cravate de collège ou un emblème de club, ou encore la connivence comportementale d'un langage, un vocabulaire, une manière de parler dans lesquels bien des confréries s'expriment spécifiquement. Il existe de nombreuses langues de bois.

Au-delà des rencontres fugitives, il arrive que les contacts cellulaires deviennent définitifs, et que les cellules s'immobilisent durablement en donnant naissance à des jonctions stables. Le développement embryonnaire est ainsi caractérisé par des déplacements de cellules qui finissent par se fixer dans des rassemblements par affinité, construisant alors des édifices permanents que sont les organes. Ces jonctions stables remplissent essentiellement deux fonctions : d'une part, l'ancrage, l'amarrage mécanique des cellules les unes aux autres ; d'autre part, la communication et le transfert de molécules que l'on appelle le couplage intercellulaire.

Les jonctions stables de communication et de couplage au sein des groupements cellulaires sont d'une importance telle que leur mise en évidence sert souvent de référence pour la caractérisation des tissus sains par rapport aux tissus pathologiques, et en particulier cancéreux, généralement dépourvus de connexions de ce type. Et l'on a pu, dans quelques cas, attribuer à l'absence de jonctions communicantes le comportement anarchique et la multiplication incontrôlée des cellules tumorales.

> Encore une fois, la transposition de l'analyse à l'échelle des sociétés humaines révèle, à son tour, des rassemblements moins versatiles que d'autres, des groupements permanents,

sinon stables, avec des connexions particulières qui servent d'ancrage et de communication entre les individus. Ces agrégations construisent ainsi les familles, les provinces, les nations ou les civilisations grâce aux liens de la culture, de l'histoire, du droit et de tout ce qui fait l'imaginaire social commun. Il est peu douteux, là encore, que le fonctionnement sain de tels groupements dépende d'une bonne circulation des informations.

Ainsi, les trois modalités principales de fonctionnement des systèmes de communication — la diffusion générale à distance, la transmission câblée et l'échange par contact direct — se retrouvent à tous les niveaux des organisations biologiques.

SIGNAUX ET VOCABULAIRE

En ce qui concerne les caractères présentés par les signaux et messages intercellulaires, retrouverons-nous, aux différents niveaux biologiques, les mêmes similitudes que celles qui peuvent être décelées dans les modalités de communication ?

Les apparences trompeuses

Tous les signaux cellulaires ont des supports moléculaires. Ce sont ensuite les propriétés mécaniques, électriques, chimiques, etc., de ces supports qui permettront l'élaboration de messages significatifs. Par exemple, le support des signaux nerveux sont de petites molécules chargées électriquement, des ions. C'est le mouvement de ces ions à travers la membrane de la cellule nerveuse qui constitue le signal élémentaire, signal électrique dont la fréquence d'émission et de transmission composera finalement le message de l'influx nerveux. Dans le cas des hormones, le support moléculaire de taille variée intervient par sa structure chimique dont dépend le message que l'hormone véhicule.

Quoi qu'il en soit, la gamme des signaux et messages va du plus simple au plus complexe, sans qu'il y ait de lien direct entre d'un côté leur volume et leur complexité, et de l'autre la richesse de leur information et l'importance des réponses qu'ils provoquent. L'oxygène est exemplaire à cet égard.

En effet, l'oxygène n'est pas seulement une substance indispensable à la chimie des organismes vivants, c'est aussi un signal employé par plusieurs systèmes d'information. Il peut être capté par des cellules du système nerveux central qui évaluent son taux de concentration dans le sang : à la suite de quoi, ces cellules transmettent leur évaluation sous forme de message électrique jusqu'aux muscles respiratoires dont le rythme de contractions s'adapte en conséquence. Mais le taux d'oxygène sanguin est aussi capté par des cellules du foie et des reins qui, selon le signal perçu, libèrent en relais une hormone messagère qui agira au niveau de la moelle osseuse, de telle sorte qu'un accroissement de la production du nombre de globules rouges par cette moelle compense une éventuelle insuffisance d'oxygénation.

A l'autre extrémité de la gamme, on remarquera l'existence de signaux moléculaires très complexes, associés dans une seule grosse molécule qui sert ainsi de support à plusieurs messages distincts. C'est le cas de l'anticorps. Cette volumineuse molécule en forme d'Y peut être captée et traduite par des récepteurs cellulaires différents qui, chacun, en se fixant à la molécule à un endroit différent, en interprète le sens différemment. Ainsi, certaines cellules traduiront le message par une activité de phagocyte, d'autres mourront, d'autres encore seront sensibilisées aux substances de l'allergie, etc.

D'autres grosses molécules, distinctes des anticorps et en général élaborées par des tissus endocriniens, présentent une structure gigogne en ce sens que, si la molécule entière est porteuse d'un message bien déterminé, la fragmentation de cette molécule en plusieurs morceaux libère autant de messages secondaires, sans rapport avec le premier et destinés à d'autres cibles que celui-ci. On connaît de la sorte une hormone sécrétée par la glande hypophyse et qui commande une autre glande, plaquée sur le rein (la surrénale). Mais cette hormone peut se trouver scindée en plusieurs morceaux actifs, et n'est elle-même qu'un segment d'une plus grosse macromolécule dont la fragmentation donne finalement naissance à plusieurs autres hormones agissant non plus seulement sur la surrénale, mais aussi sur les cellules graisseuses, les cellules pigmentées ou des neurones qui y répondent comme à de la morphine (*fig. 1*).

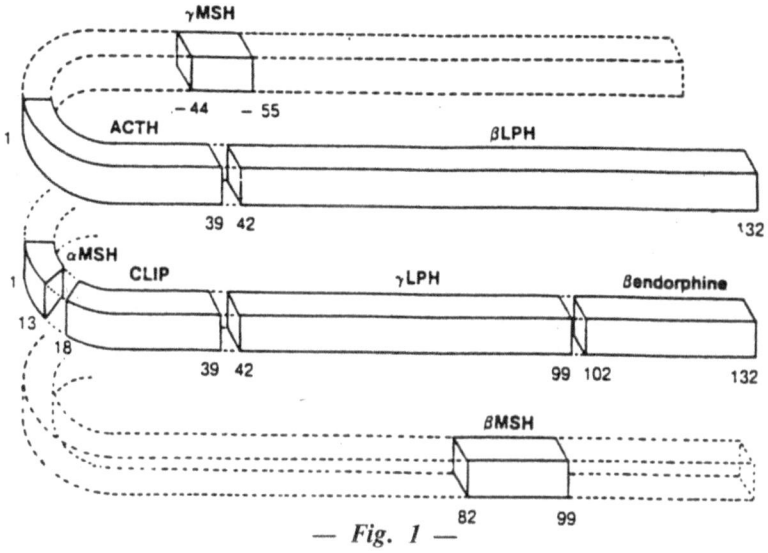

— *Fig. 1* —

Les apparences trompeuses. *La « pro-opio-mélano-cortine » est une substance comportant 263 molécules particulières (d'acides aminés). Elle est élaborée par des neurones du cerveau et aussi par des cellules endocrines de la glande hypophyse. La composition de cette substance (arbitrairement représentée ici en forme de fer à cheval) englobe de nombreux fragments actifs. En partant du milieu de cette macromolécule complexe, une séquence de 39 acides aminés (1-39) correspond à l'hormone dite ACTH qui agit sur la glande surrénale. A l'intérieur même de ce segment, deux séquences plus courtes peuvent s'isoler : l'une (1-13 : MSH) contrôle chez la grenouille la pigmentation de la peau ; l'autre (18-39) est une forme atténuée désignée comme CLIP et reproduisant les effets de l'ACTH entière. D'autres fragments peuvent ainsi être caractérisés comme des hormones actives (MSH, LPH...), et en particulier le dernier segment (102-132) identifié à l'endorphine dont les effets sont similaires à ceux des opiacés (extrait de* Communications et interactions cellulaires, *Max* PAVANS DE CECCATTY, *PUF, 1983).*

Tous ces caractères des signaux et messages intercellulaires ont leur équivalent dans notre propre langage interindividuel humain. Nous savons bien que le poids des mots n'est pas un attribut défini et définitif pour chacun d'entre eux et que le message d'un long discours peut avoir moins de portée que celui d'une courte phrase. Il n'est pas sans importance de constater la place qu'accorde souvent la presse aux petites phrases des hommes politiques, comme si, effectivement, il n'y avait aucun rapport de proportionnalité entre le volume d'une déclaration et sa richesse informative.

Qui ne sait aussi que, dans nos phrases, un message peut être lu différemment par diverses personnes qui ne s'attachent pas aux mêmes mots clés, aux mêmes endroits ? Cette richesse informative ambiguë peut même éclater lorsque la coupure d'une phrase parvient à en changer le sens : c'est le problème classique des citations tronquées ou même, simplement, des ponctuations déplacées.

Modulations et maturations

Les communications intercellulaires disposent donc d'une gamme étendue de signaux. Mais la richesse des informations échangées ne dépend pas seulement de celle du vocabulaire. Tous les messages peuvent être modulés, et donc s'enrichir de nuances nouvelles, grâce à des variations dans l'intensité ou le rythme des émissions. Les cellules émettrices sont en effet susceptibles de modifier l'amplitude ou la fréquence de leurs activités. Pour les hormones, l'amplitude est celle de la quantité de molécules libérées pendant un temps donné, tandis que la fréquence joue sur les phases de sécrétion par rapport aux phases de repos. Pour le système nerveux, la modulation d'amplitude du signal électrique n'intervient que localement, sur de faibles distances ; c'est la modulation de fréquence qui correspond au langage essentiel dans lequel, les signaux ayant tous la même amplitude, c'est le rythme de leur décharge qui nuance leur signification.

> En matière de communication humaine, la modulation d'amplitude et la modulation de fréquence sont des modalités de transmission d'un message dont nous usons avec une candeur instinctive ou, au contraire, après des analyses savantes. L'enfant se pose très tôt la question de savoir s'il vaut mieux hurler plutôt que ressasser lorsqu'il veut se faire entendre. Les adultes utilisent de leur côté aussi bien les cris qui éclatent pour amplifier les données d'un scandale que les rumeurs répétitives qui insinuent avec insistance. Et, hors même de tout scandale réel ou supposé, la publicité ne manque pas de jouer à son tour sur l'amplitude du tapage ou sur la fréquence du matraquage.

Enfin, l'étude de la nature et des caractères des principaux signaux cellulaires révèle que les molécules incriminées subissent souvent des maturations progressives qui peuvent modifier le sens de leur message et le site de leur action.

La vitamine D3, par exemple, est initialement élaborée par des cellules de la peau sous l'influence des rayons solaires ; mais, à ce stade originel, elle est inactive, muette. Par l'intermédiaire de la circulation sanguine, elle atteint ensuite le foie et le rein où elle se trouve alors transformée en une forme active, parlante, grâce à une modification chimique qui en fait, quasiment, un message hormonal contre le rachitisme.

Plus exemplaire encore est le cas de la testostérone. Elle est délivrée par certaines cellules spécialisées du testicule, agit sur les muscles et le rein mais reste dépourvue de signification pour d'autres populations cellulaires. Ce n'est qu'après une légère restructuration chimique qu'elle devient alors signifiante pour les cellules de la prostate et de la peau.

A tous les niveaux biologiques, quelle que soit la nature des signaux en cause, on doit attacher la plus grande attention au fait qu'un message puisse être modifié au cours du temps : le temps d'une vie individuelle ou le temps de l'histoire. Les spécialistes de l'exégèse philologique le savent bien. Ces évolutions temporelles font partie du devenir d'une information et ne doivent pas être obligatoirement considérées comme la dénaturation d'un message dont seule la forme originelle serait pure et authentique, serait-elle totalement inopérante, alors qu'il s'agit d'une maturation.

Après l'étude des modalités de transmission des informations entre cellules, et après quelques considérations sur la nature de ce qu'elles échangent en guise de signaux et messages, l'analyse des processus d'émission et de réception est à son tour riche de suggestions.

L'ÉMISSION ET SES SOURCES

Délivrance ou rétention

Pour ce qui a trait à l'émission, une première observation montre que certaines molécules messagères font l'objet d'une importante rétention avant d'être libérées au gré des besoins. Il en est ainsi de l'hormone de la glande thyroïde que celle-ci retient sous forme de réserve, correspondant à la quantité de produit suffisante pour deux mois de consommation de notre organisme. Cette séquestration a lieu ici dans des réservoirs extracellulaires, mais, dans certains cas, ce sont les cellules productrices elles-mêmes qui retiennent leur fabrication.

> La rétention de l'information est une des formes raffinées, et parfois perverses, du maintien de la hiérarchie et de l'exercice du pouvoir dans bon nombre d'organisations de nos sociétés humaines. Il n'y a pas que pour les cellules que l'on pourrait parler de « maladies de surcharge » lorsque la thésaurisation perd toute signification fonctionnelle pour ne devenir qu'une pathologie de la communication.

Provocation ou spontanéité

La seconde observation que l'on peut effectuer, en ce qui concerne l'émission de signaux, souligne que l'activité en cause peut correspondre à un processus soit induit, soit spontané. Les systèmes de communication intracellulaire nous ont déjà initiés à cette problématique.

Si l'émission est induite, ce qui est le cas le plus fréquent, nous devrons remonter en amont des événements pour en saisir l'origine et en découvrir la véritable source, si tant est que l'on puisse en déceler une qui ne soit précédée d'aucune autre. Ainsi, la glande thyroïde délivre son hormone sous l'effet d'une stimulation en provenance de la glande hypophyse, laquelle obéit à des ordres venus de neurones spécialisés du cerveau. En deçà... ?

> La production d'une information fait souvent partie d'un système multiséquentiel dont nous ne connaissons que la ou les dernières phases. Pour comprendre les enchaînements qui conduisent à une émission, il faut analyser les faits en deçà de son émergence. Quel que soit le type de déclaration ou de confidence que peut nous livrer une personne ou un document, dans diverses circonstances de la vie sociale, le psychanalyste, le policier ou l'historien savent fort bien qu'il n'est pas sans intérêt de découvrir ce qui a pu la provoquer.

Cependant, l'émission de certains signaux intercellulaires (comme dans quelques cas intracellulaires) n'est pas induite mais spontanée, alors même que nous la croyons déclenchée par un facteur particulier. Ainsi, la plupart des cellules nerveuses ne génèrent leurs messages électriques que lorsqu'elles sont stimulées par des facteurs divers ; mais cette excitabilité cache aussi le fait que de nombreux neurones ont, en outre, une capacité d'émission spontanée, rythmique, par trains d'ondes répétitifs. On les désigne sous le terme de « pacemakers », comme il en existe aussi parmi les cellules musculaires du cœur où les pacemakers sont responsables des battements réguliers.

On ne sait pas toujours quelle est la signification et la portée de ces activités rythmiques spontanées de certaines cellules nerveuses. Les messages périodiques émis ne paraissent pas en rapport avec la vie de relation de l'organisme, mais relèvent de ce que l'on pourrait considérer comme sa vie intérieure. Et dans l'évolution des espèces, dont les animaux les plus inférieurs témoignent, comme le font par exemple les éponges, les méduses ou les polypes, ces activités spontanées sont les plus primitives.

> Comment distinguer, dans le foisonnement des signaux et messages qui circulent entre les individus d'une société humaine, ceux qui pourraient être émis spontanément, parmi la grande majorité de ceux dont l'induction est connue ? L'anthropologie et l'ethnologie peuvent-elles nous aider dans cette entreprise ?

Activités de pointe et bruits de fond

Enfin, la dernière observation à noter au sujet des émissions en souligne deux caractéristiques majeures. Qu'elles soient spontanées ou provoquées, les délivrances de signaux correspondent ou bien à des phénomènes rapides, amples et de courte durée — et elles sont alors qualifiées d'« activités de pointe » —, ou bien à des phénomènes lents, souvent faibles, durables — et elles constituent des « bruits de fond ». Les ondes électriques qu'émettent les cellules nerveuses répondent à l'un ou l'autre de ces caractères ; et il en est de même pour la production de signaux par le système hormonal ou immunitaire.

> Tous les systèmes de communication et d'information comprennent, de la même manière, des activités de pointe et des bruits de fond. On ne saurait assez prendre garde à ces derniers, souvent masqués par nos méthodes d'écoute et d'enre-

gistrement, car ils ne doivent pas être confondus avec ce que les simplifications techniques modernes nous amènent trop souvent à considérer comme des bruits parasites.

Dans les populations humaines, le style éclatant d'un poète illustre, les activités brillantes d'un grand artiste ou les découvertes spectaculaires d'un savant célèbre, ne doivent pas faire négliger la capacité globale d'expression de moindre envergure de la communauté dont ils sont issus.

En matière cellulaire, en tout cas, nous savons que certaines activités de pointe n'ont lieu que si elles sont précédées d'un bruit de fond essentiel, dont les exigences chimiques et métaboliques sont d'ailleurs fréquemment différentes de celles des phénomènes aigus. En matière de cellules nerveuses par exemple, nous savons plus précisément qu'un large bruit de fond cérébral traduit un bon état global de vigilance, tandis qu'une généralisation des activités de pointe à de grandes zones du cerveau caractérise l'épilepsie.

RÉCEPTION ET RÉCEPTEURS

Au terme de l'analyse des systèmes de communication cellulaire, il est clair que les processus finaux de la réception et de la traduction des messages constituent la seule démonstration valable de l'efficacité, et souvent même de la simple existence de ces systèmes.

Qu'importe que des millions de signaux et messages, sous les formes les plus diverses, soient délivrés de loin ou de près, avec force ou avec discrétion, ils sont sans intérêt s'ils finissent par échapper à toute capture, toute lecture et, en dernier ressort, à toute interprétation par un récepteur ! Sans les exceptionnelles capacités des récepteurs, et malgré la bruyante cacophonie des informations potentielles qui baignent les cellules et toutes les populations d'êtres vivants, c'est un profond silence informatif que nous connaîtrions : un silence fait de bruits et de discours que personne n'entendrait.

> Il est commun d'affirmer, chez les psychologues, que le regard et l'écoute de mon interlocuteur donnent sens à ma parole. Les cellules, à cet égard, fournissent quelques précisions sur cette dialectique.

La biologie cellulaire nous a apporté trois grands ensembles de données sur l'importance des récepteurs dans les systèmes de communication.

La diversité des traductions

On a pu montrer, en premier lieu, qu'un signal unique, électrique ou moléculaire, peut atteindre plusieurs récepteurs différents qui sont susceptibles de le traduire, chacun à sa manière propre, pour aboutir à des effets cellulaires dissemblables. Aucun signal, aucun message n'a, en soi, une signification unique, objective et définitive.

> Cette plasticité ressemble à celle de certains mots qui s'écrivent, et parfois se prononcent, de la même manière dans deux langues différentes pour lesquelles ils n'ont cependant pas du tout le même sens : on les désigne sous le terme de « faux amis ».

A cause de la diversité des récepteurs cellulaires qui sont à même de réagir différemment au même signal, on peut dire que tous les messages intercellulaires sont de faux amis.

Les études du système nerveux sont fécondes à cet égard. Dans le réseau des nerfs, les messages électriques passent d'un câble à l'autre (c'est-à-dire d'une cellule à l'autre) au niveau de contacts spécialisés : les synapses. La transmission s'y effectue par l'intermédiaire d'un signal chimique qui s'interpose ainsi entre les deux messages électriques, en amont et en aval de la jonction synaptique. Les biologistes connaissent depuis longtemps l'acétylcholine et l'adrénaline parmi les molécules impliquées dans cette transmission, et ils en découvrent fréquemment de nouvelles, de natures chimiques les plus variées. Mais, contrairement à ce que l'on avait pu croire, il est impossible d'affirmer *a priori* l'effet que provoquera l'acétylcholine ou l'adrénaline qui franchit la jonction de deux cellules nerveuses : effet excitateur ? effet inhibiteur ? Pour la même molécule, des récepteurs des deux sortes ont été mis en évidence, qui traduisent le message de l'acétylcholine, par exemple, en excitation pour les uns et en inhibition pour les autres. Et il en va de même pour les récepteurs à l'adrénaline.

Mieux encore. Une traduction donnée, excitatrice par exemple, peut mettre en œuvre des mécanismes distincts. Ainsi, certains récepteurs à l'acétylcholine excitent la cellule en quelque 3 ms..., tandis que d'autres récepteurs à l'acétylcholine l'excitent en 100 ms en utilisant des processus d'action différents, la molécule signal restant la même. Et chacun de ces récepteurs est sensible à des molécules de substitution, des signaux imposteurs particuliers. Pour les éléments qui fonctionnent en 3 ms, l'effet excitateur peut être obtenu en adressant au récepteur non plus de l'acétylcholine, mais de la nicotine, sans que la cellule décèle l'imposture. Pour les éléments qui réagissent en 100 ms, l'effet excitateur peut résulter de la réception non plus de l'acétylcholine ou de la nicotine, mais d'une molécule usurpatrice rare, la muscarine extraite de champignon. Autrement dit, c'est le récepteur qui répond comme il lui convient, selon plusieurs programmes possibles ; il répond aux vrais comme aux faux messages, lesquels faux messages (nicotine ou muscarine qui ont été artificiellement introduites dans l'organisme) peuvent néanmoins provoquer de vraies réponses.

> On pourrait probablement ouvrir un immense chapitre sur les ambiguïtés que connaissent les communications au sein des populations humaines, à cause de la diversité fréquente des récepteurs de chacun des individus pour la même information dont ils donnent des traductions dissemblables. On y trouverait non seulement les querelles d'exégètes de textes religieux, mais aussi la contradiction et la fragilité du témoignage en justice, les aléas d'une pédagogie scolaire qui ne saurait être unitaire même lorsque le message à faire passer est unique. Finalement, le « parler vrai » est une notion qui a peut-être un sens pour celui qui émet le message : le sens d'un message sans imposture, mais on ne saurait en attendre l'accord ou l'uniformité des réponses qui lui sont données.

La synergie

Le second ensemble de données de la biologie des récepteurs cellulaires montre que la capacité d'une cellule cible de capturer un message qui circule et de le traduire en une activité dépend, souvent, d'une association de plusieurs communications simultanées, d'une synergie entre ce message et plusieurs autres, différents, qui frapperont des récepteurs distincts de la même cellule. C'est de cette manière que les cellules du système immunitaire entrent en action sous l'effet conjugué de plusieurs types de signaux qui coopèrent.

Et une fois encore, ces faits en évoquent d'autres. Il est évident que l'impact de certains messages parlés (le récepteur étant donc l'oreille) est aujourd'hui fortement dépendant de leur association avec des signaux visuels (le récepteur étant l'œil) tels que ceux de la télévision. Et nous savons tous à quel point, parfois, le souvenir d'une phrase peut être lié non seulement à celui d'un décor, mais encore à celui d'une odeur (dont le récepteur est encore différent : le nez), et que son plein effet est soumis à cette synergie.

L'intégration

Enfin, le troisième ensemble de faits révélés par l'étude des systèmes de communication intercellulaire concerne l'intégration des signaux et messages perçus par les récepteurs. La synergie implique déjà une intégration d'informations simultanées ; c'est l'intégration synchronique, telle que la réalise par exemple une cellule nerveuse capable d'effectuer une synthèse de plus de cent messages électriques distincts qui lui parviennent en même temps. Elle en tire une sorte de somme algébrique qu'elle convertit en un message unique pour le transmettre à son tour *(fig. 2)*.

> A l'échelle de notre organisme dans ses rapports avec d'autres organismes au sein de nos sociétés, chaque individu est l'objet de convergences d'informations, compatibles ou contradictoires ; et le résultat final, notre comportement, dépend d'une synthèse de ces informations simultanées, réalisée par des processus qui, consciemment ou non, les mélangent et les intègrent.

Cependant, à côté de l'intégration synchronique, la biologie des interactions cellulaires révèle aussi une intégration diachronique des informations. Les cellules ont aussi une histoire. Elles réagissent non seulement à la synergie des signaux qui la touchent à l'instant présent, mais encore à certains parmi ceux qui lui sont parvenus dans des périodes antérieures. Or, les phénomènes de réception et de traduction des signaux ne sont pas toujours identiques à eux-mêmes au cours de la vie d'une cellule. Celle-ci connaît des phases bien caractérisées, comme tout organisme connaît des stades où les mêmes causes ne créent pas les mêmes effets. En changeant de phase, une cellule peut modifier le nombre et la nature des récepteurs qu'elle possède, si bien que les réponses qu'elle

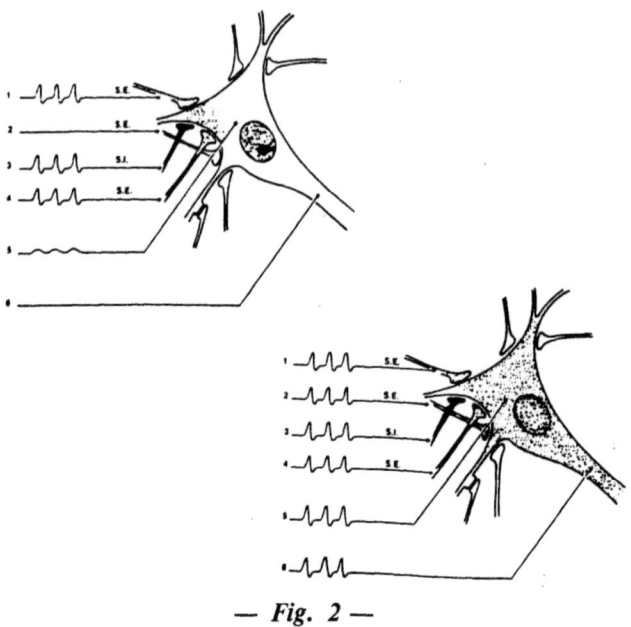

— *Fig. 2* —

L'intégration synchronique au niveau de quatre zones réceptrices (synapses) d'un neurone en contact avec des terminaisons de fibres qui proviennent d'autres neurones.

En haut, *seules les zones réceptrices 1, 3 et 4 sont soumises à des messages, sous forme de signaux électriques périodiques, qu'elles traduisent soit par une excitation de la cellule (en SE 1 et 4), soit par une inhibition (en SI 3). Le résultat final de l'intégration de ces trois messages est quasi nul et s'exprime par de petites fluctuations électriques locales (enregistrées en 5) qui ne sont pas transmises plus loin (en 6). La communication s'arrête là.*

En bas, *les quatre zones réceptrices fonctionnent simultanément et l'intégration finale des excitations (en SE 1, 2 et 4) et des inhibitions (en SI 3) donne le pas aux excitations qui mettent alors en action tout le neurone, non seulement localement (en 5), mais le long de son prolongement (en 6) qui transmet à son tour le message intégré (extrait de* Communications et interactions cellulaires, Max Pavans de Ceccatty, PUF, 1983).

donne — c'est-à-dire ce que l'on appelle l'« effet de sortie » final — découlent de l'intégration de messages passés et présents. Les cas exemplaires en ce domaine sont ceux de certaines cellules sanguines, les lymphocytes, lorsqu'elles répondent à la présence étrangère d'une bactérie. Une catégorie de ces lymphocytes intègre les signaux de l'envahisseur et, en même temps, met en œuvre sa mémoire, lui permettant de savoir si de tels signaux ont déjà été perçus auparavant ; auquel cas, la réplique des lymphocytes est rapide et ample : c'est la sécrétion d'anticorps. Cette intégration diachronique utilisant la mémoire cellulaire fonde les processus de la vaccination.

> S'il est vrai que notre comportement est conditionné par la perception simultanée de signaux de différente nature, il est aussi vrai qu'intervient notre histoire personnelle et collective. Notre sensibilité à l'actualité et les attitudes qui la traduisent reflètent aussi notre mémoire.

LE TEMPS DES COMMUNICATIONS

Le temps est donc un facteur essentiel des systèmes de communication. Les cellules nous le montrent de quatre manières différentes.

Premièrement, le temps s'exprime dans la vitesse d'élaboration et d'émission du signal ; la rétention d'un message élaboré n'est pas un phénomène mineur.

Deuxièmement, le temps intervient dans la durée du transfert du message ; que ce transfert ait lieu à distance ou qu'il se déroule entre deux éléments en contact, un délai de transmission est inévitable. Le vieillissement des organismes implique souvent une augmentation importante de ces délais parce que les espaces, si faibles soient-ils, qui séparent les éléments concernés se trouvent encombrés de produits inutiles.

Troisièmement, c'est le délai de réponse de la cible et de ses récepteurs qui constitue encore un mode d'intervention du temps.

Quatrièmement enfin, le temps détermine les phases critiques privilégiées pendant lesquelles existe une adéquation efficace entre le message, son émission, sa réception et le trajet de transfert qu'il doit suivre.

Spécialistes ou non des communications humaines, nous

n'ignorons pas que les personnes ou les groupes de personnes n'ont pas toujours les mêmes rythmes d'élaboration et de diffusion des messages qu'ils ont à émettre. Nous n'ignorons pas l'impatience — souvent inopérante — provoquée par des transmissions trop lentes au cours desquelles, par ailleurs, les messages risquent plus facilement un parasitage déformant ou un blocage, mais, par contraste, une meilleure maturation. Il est notoire, aussi, que la rapidité de la réaction que chacun d'entre nous offre à une information dépend et de caractéristiques personnelles et des circonstances. Enfin, toute vie est phasique ; intuitivement ou par raisonnement méthodique, tout individu est conduit à se soumettre à une pédagogie de la communication imposée par son interlocuteur, enfant, élève, client ou malade, tout comme, en retour, parent, maître, marchand ou médecin, qui, les uns et les autres, ont tous leurs bons et leurs mauvais moments pour communiquer.

Toute vie est phasique et toute communication a sa période propice. Mais parce que toute vie est aussi une création, la plasticité reste une caractéristique des mécanismes mis en cause. Plasticité cellulaire, mais encore ... bien plus. On citera, à cet égard, le cas de ce peintre allemand qui fut blessé dans un accident, au cours duquel une partie de son cerveau fut détruite, si bien que les circuits nerveux d'intégration des messages visuels ne fonctionnaient plus. Incapable de composer son propre portrait, l'artiste s'y essaya néanmoins, et il exécuta ainsi quatre tableaux successifs. Le premier, brossé peu de temps après l'accident, correspond à l'esquisse d'un demi-visage, traçant avec des couleurs pâles un côté seulement d'une face sans symétrie ; les deux portraits suivants, peints à quelques mois d'intervalle, témoignent d'une reconquête progressive dans la composition d'un visage bilatéral ; et le dernier tableau démontre la récupération d'une capacité normale, reconquise jusque dans l'éclat des couleurs et la fermeté du trait. Les lésions cérébrales étant demeurées irréparables, les systèmes d'information et d'intégration visuels avaient finalement trouvé de nouvelles voies. L'espoir est aussi une dimension de la biologie.

DISCUSSION
(Modérateur : Robert MARTY)

Robert MARTY. — Nous pouvons inaugurer cette table ronde à la suite de l'intervention de notre collègue Max DE CECCATTY : à ma droite, Chantal MIRONNEAU, c'est une physiologiste ; ensuite, notre collègue CLARAC, qui est neurophysiologiste, et Jean-Michel VALENÇON, psychiatre et écrivain. Je vous propose de débuter cette table ronde par ce que nous a dit Max DE CECCATTY tout à l'heure en ce qui concerne le signal, son transfert, sa réception. On pourrait peut-être demander à nos collègues comment ils ont reçu ce signal, comment ils l'ont interprété, et ce qu'ils en pensent en fonction de leur propre verticalité.

Chantal MIRONNEAU. — Ce qui me frappe, et me paraît important, ce sont les problèmes de tri et de réception des messages. Max DE CECCATTY a parlé de substances qui pouvaient leurrer les récepteurs en prenant la place des messagers biologiques normaux. C'est sur ces notions que sont finalement fondées la pharmacologie, la thérapeutique et aussi la toxicologie. On peut leurrer les récepteurs avec des substances qui vont mimer et bloquer l'action des substances endogènes. A ce moment-là, des substances antagonistes de l'information vont bloquer les récepteurs et l'information ne sera plus transmise. La cellule ne sera plus capable de faire ce pourquoi elle était programmée et, par exemple si elle se contractait, elle ne pourra plus se contracter si l'on bloque l'entrée du calcium par des antagonistes calciques.

Je pourrai dire aussi que j'ai beaucoup aimé l'image des poupées russes employée par Max DE CECCATTY pour montrer les différents degrés que peut revêtir l'explication des phénomènes biologiques. Je vous en proposerai une autre : c'est que la science est une galerie de miroirs. Chaque fois que l'on croit qu'il y a quelque chose, on se rend compte qu'il y a un reflet et un reflet vous renvoie à un autre reflet. Dans le fond, cela permet de continuer d'avancer.

François CLARAC. — Ce qui me paraît essentiel dans cette étude des communications, c'est la notion de réseaux de neurones qui est apparue peu à peu. Monsieur DE CECCATTY a dit justement quelques mots sur les pacemakers. Je voudrais en rajouter quelques autres. Il apparaît en effet qu'il existe dans toutes les espèces animales des réseaux qui ont leurs caractères propres. On l'a bien montré chez les invertébrés, les insectes, les mollusques : on peut isoler un petit réseau dans une boîte de Pétri et le voir fonctionner tout seul. Comment fonctionne-t-il et quel est ce type d'activité ? Cela vient soit de cellules spéciales qui ont la propriété d'avoir leur propre oscillation, soit de la connectivité entre ces cellules. C'est-à-dire que vous avez un système comme « Dieu le Père », et un ensemble d'éléments qui ne font que suivre. Ou alors, au contraire, les connexions entre les cellules font émerger cette propriété de rythmicité du réseau. On a souvent parlé du pacemaker cardiaque, mais pensons aussi à tous les phénomènes respiratoires qui viennent de réseaux de ce type, à tous les phénomènes de locomotion qui sont des phénomènes de ce genre. Par ailleurs, on sait que les cellules nerveuses communiquent entre elles par des substances que nous appelons tous des neurotransmetteurs. Alors, il me vient pour le système nerveux deux images. Elles ne sont pas de moi, elles sont l'une de Jean-Didier VINCENT qui parle d'un « réseau éponge », et c'est vrai que le système nerveux c'est cela. Mais je crois qu'il faut mettre aussi à côté l'image de FREYSSE qui parle d'un « réseau ordinateur ». C'est-à-dire que le système nerveux, c'est les deux choses à la fois, et la communication se fait par les deux systèmes.

Jean-Michel VALENÇON. — Ce qui m'a beaucoup séduit dans ce que j'ai entendu, c'est que vous pouvez dire des choses très compliquées avec des moyens simples et je trouve que c'est là une leçon d'écriture redoutable à entendre. Chaque fois qu'on veut écrire un livre, on est confronté à ce genre de problème, c'est-à-dire comment essayer de faire passer le mieux possible ce que l'on a confusément imaginé, et d'essayer le moyen le plus simple pour être le plus adapté à son projet. C'est vrai, une ambition littéraire c'est démesuré, car, en fin de compte, écrire c'est être confronté en permanence à l'échec de la communication.

Robert MARTY. — Il y a en quelque sorte des niveaux dans l'organisation de cette communication, depuis les échanges physicochimiques de base, au niveau des états prébiotiques, au niveau des substances minérales, et progressivement dans la construction des systèmes moléculaires et des systèmes macromoléculaires. A partir de ces échanges, on passe successivement à des interactions et à des communications, avec des niveaux qui entraînent des sauts qualitatifs. Avec cet accroissement, le système introduit une dimension quantitative à chaque saut et, finalement, on se trouve au niveau du langage humain, qu'il soit verbal ou non verbal, qu'il s'effectue par des molécules ou des phéromones. A ce moment-là, nous observons une intégration générale qu'on retrouve au niveau humain, qu'on retrouve au niveau de la société, dans les sociétés animales, dans les populations unicellulaires et dans les populations biocénotiques de pluricellulaires. J'introduirai ici la notion de complexité, notion de niveau dans la phylogenèse de la communication, avec le niveau maximal de haute intensité que nous connaissons chez l'homme.

Question : Je suis professeur de littérature et je voudrais simplement dire comment j'ai entendu ce que je devais entendre, sans compter le nombre de métaphores. Et puis vous avez parlé de communication possible avec des cellules éloignées qui se déplacent, et de la communication à distance. J'ai entendu que la technologie des communications ne pouvait retrouver cette espèce de schéma que l'on porterait en nous, et je me disais que la question actuelle était peut-être au niveau du câblage qui correspond à une certaine rentabilité. J'ai été aussi frappé quand vous avez parlé de l'importance du temps de maturation et du troisième mode de communication intercellulaire, ce déplacement, ce contact des cellules qui se touchent et se reconnaissent. Merci d'éclairer mes interrogations.

Max DE CECCATTY. — J'ai relevé au moins trois questions. La première : je crois que vous avez tout à fait raison quand vous vous posez la question : « Dans ce jeu métaphorique, et très dialectique finalement, qui se passe à notre niveau, et qui se passe au niveau cellulaire, peut-on se retrouver soi-même ? » Je pense que oui, et j'en parlais avec Mme HOUDEBINE tout à l'heure, il y a dans mon propos, sous-jacent à ce que j'ai dit, une sorte de vision structuraliste. C'est-à-dire que nous nous trouvons effecti-

vement devant un type de mécanisme et de réseau à différents niveaux, et puis probablement aussi devant une projection de ce qui se passe dans notre tête.
Deuxième question : sur le câblage. Oui ! je pense, comme vous le dites, que l'avenir c'est le câblage, mais dans un sens pas trop immédiatement concret quand même. Je ne vais pas vous dire : « La télévision câblée c'est mieux que la télévision non câblée ! » Ce que j'entends par câblage c'est un système qui, au lieu de diffuser d'une manière extrêmement généreuse, mais avec certain gaspillage, une information sans savoir qui elle va toucher, est beaucoup plus discriminatoire, en essayant de viser des réseaux. Alors, est-ce que ce sont des câblages physiques, est-ce que ce sont des journaux qui circulent, est-ce que ce sont... ? Je ne sais. Mais ce système de câblage a effectivement un inconvénient : c'est d'établir une sélection dès le départ. Le système de diffusion générale est un système en quelque sorte très égalitaire et, ensuite, la sélection se fait. Le système de câblage fait la sélection d'abord et choisit les éléments entre lesquels câbler. Et si l'on doit faire une analogie, c'est là que surgit le problème. Vous avez le choix entre un système de communication très égalitaire, ensuite sélectif, et un système qui est sélectif au départ. Je pense que ce n'est pas la peine d'aller très loin pour voir tout de suite les répercussions que cela peut avoir sur notre vie quotidienne, ou dans la structure de l'Université par exemple. La troisième question est la suivante : « Est-ce que l'avenir n'est pas dans le déplacement, et dans les communautés qui se bâtissent ? » Si ! mais en fait ce n'est pas l'avenir, c'est aussi tout le passé de l'humanité. L'humanité a fait cela depuis le départ ; elle a essayé de résoudre la richesse de ses communications, malgré tout, par des contacts directs. Même si demain on a des vidéophones ou d'autres systèmes qui, déjà, multiplient les facteurs intervenant dans la communication, l'humanité a néanmoins toujours cherché à bâtir des systèmes de contact direct, de reconnaissance, et quelquefois de contact permanent. Mais, là aussi, il y a un danger ; c'est que le contact permanent soit tellement permanent qu'il devienne une sorte d'emprisonnement. L'emprisonnement peut être celui du couple ou celui de la société dont on vous interdit de sortir si vous avez envie d'aller en voir une autre. Si bien que je ne sais finalement pas où est l'avenir. La diffusion est égalitaire, mais c'est très coûteux avec beaucoup de gaspillage. Le câblage préalable est dangereux parce qu'il est élitiste, et on n'est jamais sûr de son choix au départ. Enfin, le système de la rencontre peut être aussi un système d'enfermement, d'enfermement physique. Alors, je crois qu'il faut jouer sur les trois tableaux.

Robert MARTY. — Nous approchons là une dimension psychanalytique. J'aimerais avoir l'avis de Jean-Michel VALENÇON sur cet enfermement en relation avec la communication, et je pense qu'il y a d'autres psychiatres dans la salle qui pourront peut-être nous donner leur avis ou leurs interrogations sur ce point, à ce niveau terminal de la communication, ou plutôt à ce niveau très avancé de la communication des sociétés humaines.

Jean-Michel VALENÇON. — Il y a deux choses que je voudrais noter. Je suis un peu le naïf de la table, mais par rapport aux allusions, aux métaphores systématiques, c'est vrai qu'il y a une question que je me suis posée en écoutant Max DE CECCATTY : je me suis demandé si notre volonté peut nous ramener à cette description de nous-mêmes. Les métaphores sont justes, et n'est-ce pas pour nous aussi une certaine façon de nous rassurer, de trouver une forme sans doute un peu anthropomorphique à des phénomènes qui apparaissent de plus en plus compliqués, à des phénomènes que nous comprenons quelquefois mal ou à des phénomènes dont nous nous sentons un peu les otages ? Je me demandais s'il n'y avait pas une sorte de volonté de rendre cet univers biologique de plus en plus complexe, de plus en plus subtil dans ses analyses, et de lui donner une forme humaine dans laquelle on pourrait reconnaître des images relativement commodes, faciles, auxquelles nous soyons habitués. Donc, c'est un peu une façon de se rassurer. Et la deuxième question que je me suis posée en écoutant tout cela, c'était aussi l'idée que si la communication est un bien, je me demande si l'échec de la communication n'est pas à un certain moment une occasion aussi de liberté et d'autonomie, occasion de faire quelque chose de différent, d'innover, la possibilité aussi de la rupture, en quelque sorte, qui est peut-être liée à un échec, à un moment donné, d'une communication.

François CLARAC. — Juste un mot à propos du câblage, et je crois que le mot « câblage » donne, immédiatement, l'impression de quelque chose de stéréotypé et dans lequel on est totalement enfermé. Ce qui frappe dans le système nerveux, c'est que s'il y a des systèmes qui sont précâblés, qui ne bougent pas parce qu'ils sont immuables (pensons par exemple au système qui apparaît sous un nom savant, « système pyramidal », et qui fait qu'un ordre qui part du cerveau va immédiatement à la moelle épinière pour commander un mouvement), il existe au contraire dans le système nerveux et chez tous les êtres vivants des systèmes de réseaux qui, eux, peuvent être totalement modifiés parce qu'il y a un peu plus de « gouttes de perlimpinpin » qui font qu'il agira avec un certain modelage, et d'autres « gouttes de perlimpinpin » qui agiront d'une autre façon. Donc, au contraire, câblage veut dire souvent que le système est totalement flexible, et c'est cela la grande force du système nerveux.

Robert MARTY. — Oui, je crois qu'en dehors des autoroutes il y a effectivement des réseaux piétonniers qui sont très adaptables. Patrick LACOSTE, oui ?

Patrick LACOSTE. — Parmi les très grands mérites de l'exposé de monsieur Max DE CECCATTY, il y en a un que je voudrais rappeler et qui me semble menacé, c'est la vertu de cette manière d'exposer, de rappeler avec insistance à quel point il fallait se méfier de ce qui était trop clair. Alors, de ce point de vue, et dans le cours de la discussion, j'ai envie de rester sur ce plan de la naïveté, car il me semble qu'il offre des possibilités. Par exemple, est-ce que nous ne sommes pas en train d'éviter le « cactus » qu'il y a entre le langage comme instrument et l'évolution des autres instruments de connaissance ? C'est-à-dire que, quoi qu'il en soit et quelle que soit l'évolution des possibilités de l'instrumentation, quant à l'affirmation par exemple, lorsque nous revenons dans l'usage du langage, nous revenons à une position relativement antérieure. Je vais en donner un exemple aussitôt dans les deux métaphores qui étaient proposées tout à l'heure, celle de VINCENT, concernant le réseau éponge, et celle de FREYSSE relative au réseau ordinateur : « éponge » est un mot qui est incontestablement plus ancien et qui a un statut plus ancien, que je sache, que le statut du mot « ordinateur ». Donc, lorsqu'on dit que les deux images sont compatibles, en fait, dans le système de l'usage qu'on fait de la langue, nous sommes en train de forcer la compatibilité. C'est-à-dire que nous sommes quand même contraints en quelque sorte à ne pas prendre la mesure du fait que, quelles que soient l'évolutivité des moyens d'observation et l'extension du champ des connaissances, nous avons à faire retour, pour communiquer, vers le langage qui sera toujours décidément plus archaïque, et qui ne suivra pas cette évolution, même si, en tout cas, il la suivra sur un autre mode. De plus, il y a des possibilités de transformation du langage et surtout de l'usage de la langue. Je veux dire qu'Émile LITTRÉ admet la pathologie verbale, les lésions de certains mots en cours d'usage. Ce qu'il y a de sûr, c'est que nous n'irons pas jusqu'au point où nous n'aurons plus de nouveauté possible. Imaginons le champ des connaissances ouvert et totalement exploré ; c'est-à-dire, pour faire fonctionner l'idéal, est-ce que, à ce moment-là, la seule chance de nouveauté ne serait pas dans le style, à savoir dans les arts ?

Max DE CECCATTY. — Puis-je vous proposer une petite minute de détente et d'humour ? Vous avez parlé d'éponge. Je me suis senti totalement concerné pendant quelques minutes, tout simplement parce que j'ai étudié ces animaux pendant beaucoup de temps, et un jour, en entrant dans l'amphithéâtre, j'ai vu écrit sur le tableau noir la formule suivante : « J'éponge donc j'essuie » *(rires)*. L'archaïsme en question a plusieurs sens !

Guy BOIRON. — Je suis dermatologue et psychothérapeute et donc j'ai été très intéressé par le balancement que j'ai perçu dans la conférence de Max DE CECCATTY, entre le niveau biologique et le niveau interhumain. Au niveau biologique, il y a une différence minime entre la communication à longue distance et la communication à courte distance, comme celle qui peut s'établir entre l'hypophyse et la glande surrénale par exemple. Ma question est celle-ci : que pensez-vous de ce niveau biologique et de la comparaison qu'il peut y avoir entre ce niveau biologique à courte distance et ce qui se passe en interhumain ?

Max DE CECCATTY. — Je pense que la métaphore peut se maintenir de manière tout à fait distincte. La communication à courte distance est celle qui rend effectivement possibles les phénomènes de reconnaissance dont je parlais tout à l'heure. Tandis qu'à longue distance, comment voulez-vous que le récepteur ait le moyen de reconnaître la cellule émettrice ? Il faudrait que l'émettrice, en plus du message, envoie une molécule qui signe son identité. Il y a là un phénomène beaucoup plus complexe, qui existe effectivement, mais avec des différences majeures entre les deux, et des possibilités qu'un système offre à l'autre. Pour vous qui vous intéressez à la peau, les informations qui circulent entre cellules épidermiques, par exemple, et celles qui proviennent de beaucoup plus loin subissent une régulation tout à fait différente.

Robert MARTY. — Oui, il semble qu'effectivement à ce niveau on puisse distinguer des communications à longue distance et des communications à courte distance. Au niveau de la peau ou au niveau d'un ovaire également interviennent ces systèmes de communication intercellulaire. Dans la cancérogenèse, Max DE CECCATTY l'a dit, des populations cellulaires ne se reconnaissent pas, ne se reconnaissent plus. C'est extrêmement important d'ailleurs d'essayer de détecter le premier message de non-reconnaissance, de modification dans la reconnaissance des cellules, qui peut représenter un marqueur de début du processus.

Max DE CECCATTY. — En ce qui concerne les niveaux, on a avancé l'image des poupées gigognes. Les poupées russes ont l'inconvénient, dans cette image, de pouvoir être totalement séparables les unes des autres. On les ouvre, on sort la troisième, qui est au milieu, etc., mais ce n'est pas ainsi que cela se passe. En réalité, si vous ouvrez tout à fait, vous cassez tout. Ces poupées russes-là sont extraordinairement intriquées. Alors, si l'on est obligé de comprendre et d'analyser certaines choses, attention ! Dès qu'on sort une poupée, dès qu'on l'ouvre, on casse d'abord les liens entre la partie haute et la partie basse, on arrache les fils qui les maintenaient dans une sorte de cohérence, de réseau tridimensionnel. La problématique, la manière d'analyser, n'est plus la même et peut-être que les phénomènes ne sont plus tout à fait identiques. Oui, il y a une cohérence extraordinaire dans l'organisation de la nature, si bien qu'on ne peut jamais dire qu'on touche à quelque chose sans toucher au reste.

Robert MARTY. — Un mot sur les changements de niveaux. Ils s'appliquent aux niveaux du temps géologique, du temps historique, à la genèse évolutive, à la phylogenèse des communications, des interactions, et également au niveau du temps actuel. Imaginons que vous allez vous adresser à un être cellulaire, à un individu d'une même espèce que la vôtre. Il va interagir et communiquer de manière intraspécifique. Ensuite, avec des communications interspécifiques, au niveau biocénotique, les échanges vont se développer avec une complexité maximale jusqu'au niveau humain.

François CLARAC. — Il existe un très bel exemple à propos des modifications en fonction du temps : celui du réseau nerveux de la locomotion dans la moelle épinière. Prenez un petit chiot qui a un mois, il est incapable de marcher. Pourquoi ? Parce qu'il n'a pas toutes ses afférences musculaires et cutanées, qui vont lui permettre de se maintenir debout. En revanche, mettez ce petit chiot dans une baignoire et tenez-lui la tête, il nage parfaitement. Le réseau est là. Il fonctionne ; mais normalement, dans la situation où est le chiot, il est incapable de s'exprimer. Toutefois, mettez-le dans une autre situation plus facile, le réseau s'exprime.

Marcel RIMPAULT. — Est-ce qu'il n'y a pas une équivoque au niveau du mot ? On emploie le mot « communication », mais tout dépend de la fonction que l'on y met. Et là, je crois qu'il y a un certain nombre de systèmes qui existent pour faire face à un certain nombre de fonctions.

Max DE CECCATTY. — Je reçois la question très profondément. Dans mon adolescence, j'avais été fasciné par certains types de livres et d'affirmations, en particulier de THEILHARD DE CHARDIN à l'époque, parce qu'il commençait l'histoire au psychisme du monde subnucléaire justement ! Mais c'était très difficile de comprendre ce qu'il mettait sous ce terme. Cependant, à partir du moment où l'on admet qu'il y a « des communications » (même si elles n'ont pas de « sens ») à une échelle subcellulaire, effectivement les racines de ce que j'ai dit sont peut-être à rechercher plus loin en amont. Je vais en prendre un simple exemple et je m'arrêterai là. Il y a un phénomène qui existe à l'échelle moléculaire (donc ce n'est peut-être pas submoléculaire pour l'instant, mais c'est bien en dessous de la cellule), que l'on appelle l'« allostérie ». Quand on agit sur un endroit d'une molécule, elle change en un autre endroit. C'est un phénomène physicochimique qui se déroule. Et si l'on continue dans cette direction, on sait qu'une modification qui sera donnée à la couronne électronique d'un atome peut se répercuter ailleurs. Donc, il y a sûrement une possibilité de « communication » à ces niveaux-là aussi. C'est peut-être à des physiciens intéressés par les problèmes de communication de répondre. Je suis persuadé qu'il y a continuité. Autrement dit : je ne crois pas que la vie puisse opérer, en matière de communication, à partir de rien.

Père ROGER. — Puisqu'on a tenté des analogies entre des problèmes de biologie cellulaire et des problèmes d'hommes d'Église, et surtout qu'on a mis en exergue la pensée du père DE CHARDIN, je serai très à l'aise pour poser une question d'ordre philosophique qui transparaît dans l'impression de clarté qui a été celle de Max DE CECCATTY, alors qu'il nous a présenté une très grande complexité. Dans cet univers très complexe de la biologie cellulaire, j'ai l'impression d'avoir tout compris, notamment dans les sauts qu'il a faits entre cet univers de la cellule et l'univers des techniques de communication. J'ai le sentiment que cette impression de clarté est due justement à cette possibilité d'un élément unificateur dans la complexité. C'est le problème de l'un et du multiple, qui est essentiellement la pensée profonde du père DE CHARDIN, puisque nous saisissons l'unité dans sa réalité à travers sa multiplicité. Alors, dans cet univers complexe qui nous a été présenté, je vois bien moi-même sur mes registres ce principe unificateur, mais j'aurais aimé que Max DE CECCATTY nous dise si, sur le plan scientifique de la biologie cellulaire, on peut percevoir un principe d'unification dans la complexité.

Max DE CECCATTY. — Là, Monsieur, vous touchez un point très sensible. On revient à ce que l'on disait tout à l'heure : dans quelle mesure ce que je vous ai raconté est en même temps une traduction de ce que je vois et une projection de moi-même ? Je crois, moi, qu'il y a un principe unificateur et je me dis : « même s'il n'existe pas, en le cherchant je fais progresser la connaissance, je fais progresser la pédagogie ». Mais je demande à mes auditeurs de se méfier de ce principe unificateur. A travers les dons qui m'ont été donnés de m'expliquer clairement ou non clairement, mes auditeurs doivent se méfier de ne pas lâcher la proie pour l'ombre. Bon, il y a un principe unificateur, j'y crois, je le cherche, cela me sert à expliquer. A vous maintenant, et à moi-même, de trouver constamment la contradiction. Pourquoi ? Eh bien, parce que, pour être franc, je suis schizophrène, comme un certain nombre de gens. J'ai des convictions personnelles qui sont fondées sur l'existence d'un principe unificateur et d'une certaine cohérence dans le monde organisé qui va de l'atome jusqu'à la pensée. Mais mon travail est de faire comme si justement ce principe unificateur n'avait aucun sens, car il a trop servi de pseudo-explication. Je crois qu'il existe, je cherche à le déceler et, chaque fois que je peux, je le livre sur le marché, j'essaie de le transmettre ; mais il y a constamment des contradictions. Jusqu'à présent, rien ne m'a dit que j'étais sur une fausse voie. Mais je pense que nous attendrons la fin de l'humanité pour savoir véritablement qui se trompe.

Robert MARTY. — Père ROGER, vous connaissez mes positions à ce sujet, je pense qu'effectivement cette dimension métaphysique, au-delà de la physique et de ce qui vient d'être dit, est tout à fait intéressante. Elle a un pouvoir d'unification comme vous le dites, mais après, au niveau de la complexité, je crois que la cohérence générale n'est pas une preuve du système unificateur, si je puis dire, comme dans le cas de la phylogenèse et de l'unité biochimique du monde vivant, de l'unité embryologique, etc. Cette cohérence générale, ce n'est pas du tout un affaiblissement. Ne vous trompez pas dans mes propos, vous savez l'intérêt que je porte à vos convictions, et au sujet lui-même de la cohérence générale. On peut faire, si je puis dire, l'économie de l'hypothèse au départ, on la retrouve après. Mais comme disait Max DE CECCATTY, nous nous méfions, en tant que scientifiques, un peu *a priori*, de l'introduction de cette hypothèse de cohérence unificatrice, car elle nous gêne à un certain moment. Elle risque justement de laisser dans l'ombre des éléments que l'on pourrait explorer dans d'autres domaines. Cela étant, vous savez combien dans l'écologie humaine nous sommes attachés aux différents climats qui pèsent sur l'homme, depuis le climat physique des origines jusqu'au climat chimique, biologique, social, économique et spirituel. Et il y a dans l'homme une dimension métaphysique et un besoin de spiritualité comme un besoin d'eau et de vitamines. Cela fait partie également des systèmes de communication. Il y a, à ce niveau, une nécessité statistique populationnelle, avec des modulations différentielles selon les individus, nécessité de communication avec ses principes unificateurs dont vous parlez.

Michel LAMY. — Ma question va rejoindre celle du père ROGER, parce que Max DE CECCATTY, dans un exposé didactique extraordinaire qui nous a fait tous, biologistes et non-biologistes, comprendre ce qui se passait dans la cellule, a parlé à plusieurs reprises de l'horloge interne, mais n'a jamais dit ce qu'était l'horloge interne. Est-ce que c'est un élément intégrateur des phénomènes externes, parce que nous sommes dans un environnement et nous passons d'une cellule à des milliards de cellules qui vont se coordonner, qui vont interagir les unes avec les autres ? Que sont ces horloges internes ? Est-ce que ce ne sont pas des éléments intégrateurs, unificateurs, qui vont convoyer le signal et ensuite amener les réponses des systèmes de communication ? Est-ce qu'il y a, oui ou non, une horloge ou des horloges internes ? Quelles sont leurs natures, quels sont les signaux qu'elles émettent ? Qu'est-ce qui répond à ce type de question ? Ne serait-ce pas l'élément unificateur ?

Max DE CECCATTY. — L'horloge interne, oui, on sait dans certains cas en quoi elle consiste. Je vais en donner un exemple simple : un certain nombre de cellules, pas toutes, restent comme elles sont et mourront sans se reproduire ni se multiplier. Mais il y en a d'autres qui, subitement, se multiplient sous l'influence d'une horloge interne. C'est quelque chose de très simple. Un phénomène physicochimique auto-entretenu fait qu'une cellule fabrique une molécule qu'elle accumule. Quand la concentration de cette molécule que fabrique la cellule atteint un certain seuil, cela devient un signal et la cellule entre dans une phase de division. Ici, l'horloge peut être assimilée tout simplement à une accumulation d'eau dans une bouteille sous l'influence de la pesanteur. Quand l'eau a rempli la bouteille, celle-ci bascule. Mais il faut aussi très souvent se dire que lorsqu'on croit avoir affaire à une pulsion interne ou à une horloge interne, c'est parce qu'on ignore le facteur externe qui intervient.

Robert MARTY. — Oui, on peut dire qu'il y a effectivement un certain nombre d'horloges internes tout à fait déterminées génétiquement, mais qui sont ensuite modulées par l'environnement. Cependant, le côté interne est déterminant. Vous savez bien, LAMY, combien, chez les insectes par exemple, ces horloges internes ont un déterminisme génétique strict, acquis progressivement au cours de l'évolution, et comment ensuite, sans parler ici de tous les problèmes propres à la chronobiologie, les facteurs d'environnement vont moduler ces horloges internes.

François CLARAC. — Au niveau de la neurophysiologie classique, on expliquait il y a trente ans tout le fonctionnement du système nerveux par une série de réflexes. C'est-à-dire que, et c'est Max DE CECCATTY qui nous l'a dit, le système nerveux était en fait un système (une boîte noire) stimulus-réponse. Et puis, il y a vingt ans, on a découvert qu'en fait il y avait des réseaux internes qui marchaient tout seuls, et alors, à ce moment-là, on a dit : « Ça y est ! on a l'élément unificateur. » Je dirais que tous les gens qui étaient très antireligieux trouvaient cela scandaleux, ou pas du tout, et on a eu vraiment une bagarre entre neurobiologistes. Et puis, comme pour toute chose, on s'aperçoit qu'à la fois ces horloges internes existent et donnent du temps (ce ne sont peut-être pas les mêmes dont vous parlez), mais ces horloges, ces réseaux existent, ils nous donnent du temps, ont des variations et peuvent bouger. Mais enfin ils inscrivent un message temporel modulé par tous ces messages qui viennent de la périphérie, qui nous adaptent sans cesse au monde extérieur et qui peuvent ainsi totalement remodeler l'horloge interne pour un temps nécessaire à notre adaptation.

Nicolas ZAVIALOFF. — Je voudrais revenir au langage verbal. D'abord en faisant une petite remarque sur les poupées russes. En russe, cela se dit *matriochka*. Cela veut dire que c'est en rapport avec *ma*, c'est-à-dire la mère-matrice, ce qui peut nous aider à comprendre ce que vous avez dit. Je reviens donc à cette conception qui attribue au génome une allure dynamique. Je pense que l'on peut attribuer ou reconnaître au langage, du moins de la communication langagière verbale, le même fonctionnement dynamique, par analogie ou par métaphore, et que si tout mot, toute phrase, se caractérise par l'ambiguïté, par l'approximation, il n'empêche que le langage verbal doit se référer à des modèles. Ces modèles n'ont peut-être rien à voir avec une grammaire universelle qui nous permettrait éventuellement d'évoquer (je ne sais pas comment d'ailleurs) le principe unificateur. En effet, le langage verbal repose sur une sorte de mouvement que l'on peut appeler « régulation », par l'intermédiaire de la modulation vocale et de la prosodie. Et tout en créant ce sens, nous entrons dans une sorte de dynamique qui est propre au langage verbal. Ce qui fait que, dans une certaine mesure, la pratique même de l'écriture repose sur une traduction de sens, la condition, et une modulation émotionnelle, le signe, mais les deux ne peuvent absolument pas être séparés.

Jacques BATTIN. — Je me demande aussi s'il n'y a pas un phénomène d'amplification du message. Je n'en prendrai pour preuve que le métabolisme hormonal que vous avez brièvement évoqué dans votre exposé lumineux. La testostérone est transformée, hydrogénée dans les cellules cibles, en hydrotestostérone. Il y a là un phénomène économique d'amplification, mais ce n'est pas suffisant. Il faut qu'il y ait des récepteurs, et vous avez bien fait d'insister sur ces récepteurs qui, depuis une quinzaine d'années, ont pris une très grande importance, à tel point qu'on les évalue en pratique médicale, et que nous avons là un exemple tout à fait caricatural du rôle de ces récepteurs : la clé et la serrure. La clé est importante, mais la serrure adéquate l'est autant. C'est également le cas de la différenciation du sexe : s'il y a un chromosome Y au départ qui doit faire un garçon, donc avec fabrication de testostérone et dihydrotestostérone, toute la chaîne endocrinienne est normale. Mais s'il manque le récepteur, la serrure, eh bien, il n'y aura pas de message hormonal et le sujet ne sera pas un garçon. Ce sera un sujet qui aura un phénotype féminin Y, mais cela ne sera pas un garçon ; enfin on sait qu'il y a également, à l'opposé de ces cas extrêmes d'absence de récepteur, des insuffisances partielles d'absence de récepteur. On a alors tous les cas d'ambiguïté sexuelle possibles.

Question : Que va-t-il advenir si le câblage se rompt ? Il peut y avoir rupture simple des câblages, mais en cas de rupture générale... ? Un câble, ça se répare, ça se change, mais enfin...

Max DE CECCATTY. — J'ai employé le mot rupture dans l'autre sens, au moment où j'ai parlé des poupées russes, j'ai dit : « on passe de l'une à l'autre sans rupture ». Mais effectivement, s'il y a rupture, que ce soit dans un type de communication ou dans un autre, il peut y avoir des dégâts irréparables, c'est évident. Et je pense que la cancérisation est une rupture, une rupture terrible. Au niveau humain, toute cassure, toute interruption sur un système, provoque des dégâts. Le seul point sur lequel je reviendrai peut-être dans un instant en terminant, c'est qu'une rupture peut aussi engendrer une autre communication, sur un autre réseau, sous une autre forme, à côté. La rupture n'élimine pas la renaissance.

Question : Je suis psychologue et j'ai une question assez concrète à poser qui intéresse l'écologie humaine. Plusieurs millions de boîtes d'anxiolytiques sont vendues chaque année en France et je voulais vous demander ce que vous pensiez de l'intérêt de la chimie, mais aussi du danger de cette réponse biologique et biochimique aux désirs que ces patients expriment de communiquer de cette manière-là. Pour reprendre une expression qui a été utilisée dans cet exposé, comment voyez-vous cette fonction de leurre apportée par des molécules dans un organisme ? Est-ce que cette fonction de leurre s'adresse aux niveaux cellulaires ou est-ce qu'elle s'adresse simplement à la dimension communicante, entre la personne venue pour exprimer cet état intérieur et ceux auxquels elle s'adresse ?

Max DE CECCATTY. — C'est une question terrible que vous me posez. Je suis un ancien fumeur, je ne me pose pas de question de savoir si la nicotine est un leurre ou non, et je suis ainsi comme la plupart des gens. Il m'est arrivé de consommer des anxiolytiques, mais je ne sais pas ce qu'on cherche à communiquer ou non et je ne sais pas si ce sont des leurres. Ma position est la position du biologiste, un peu hygiéniste sur les bords, qui a toujours tendance à se dire : la nature doit avoir assez de ressources pour qu'on puisse éviter ce genre de choses. Mais l'homme est aussi un animal dénaturé, et s'il existe indiscutablement des leurres à l'échelle de la cellule, pour l'homme, je me garderai bien de porter des jugements péremptoires. Je crois qu'il faut faire extrêmement attention : au laxisme d'un côté, et au dirigisme rigide de l'autre. Je vous avoue que, là, je suis extrêmement pragmatique, et je me garderai bien de jeter la pierre car, en plus, sous la question que vous avez posée, il y a une dimension éthique tout à fait valable. Je peux vous donner une interprétation scientifique de ce qu'est la crise d'un individu qui a été sevré des drogues qu'il prenait ; cela ne résoudrait en rien le problème de savoir s'il faut en prendre ou ne pas en prendre. Bref, je crois qu'il ne faut pas porter de jugement à ce sujet, car dans ce genre de domaine, c'est ce jugement qui peut être un leurre. Voyez, l'homme a été capable d'inventer des leurres merveilleux ; je pense que ces tableaux *(il désigne la décoration picturale de la salle)* sont des leurres par rapport à la nature, et je me demande si nous serions capables de vivre maintenant sans ces tableaux. Est-ce que cela veut dire que les anxiolytiques font aussi partie intégrante de notre avenir ? Je n'en sais rien, mais surtout soyons prudents.

Robert MARTY. — Avant de terminer et de donner la parole à Max DE CECCATTY pour quelques mots de conclusion, je crois que je voudrais souligner, comme modérateur, la phylogenèse de la complexité de la communication et des systèmes de communication, depuis l'excitabilité cellulaire primitive jusqu'à l'inconscient humain. Sans vouloir entrer dans la dimension métaphysique qui est une dimension importante, je pense qu'il ne faut pas vouloir être trop réductionniste. Il faut l'être dans l'analyse, mais je crois qu'il faut ensuite interpréter ces éléments dans une perspective plus organiciste, comme le dit Max DE CECCATTY.

Max DE CECCATTY. — Les quelques mots de conclusion, je vais les tirer de ce qui a été dit lors de cette table ronde ce matin. Il se trouve que c'est M. CLARAC qui a prononcé deux fois les mots que j'ai envie de retenir pour cette conclusion : deux mots que je n'avais pas assez soulignés et je me rends compte là de mon tort. Le premier est « adaptation », et le second est « plasticité ». Pourquoi ? Parce qu'en fait il ne faut pas oublier que dans tout ce que je vous ai raconté, et tout ce dont vous avez parlé, apparaît la souplesse, la malléabilité des fonctionnements. Autrement dit, la nature n'est jamais à court d'invention, n'est jamais à court de contradiction, n'est jamais à court de mots. Sous cet angle-là, nous sommes parfaitement naturels ! L'homme s'adapte à des situations, avec ou sans distance, avec ou sans contact, car il est en permanence en état d'inventivité et de créativité. C'est cela qu'il faut dire pour conclure. Les systèmes de communication sont fondés sur des mécanismes de base qui, eux, restent les mêmes, avec ces recours à l'archaïsme qu'ils trahissent quelquefois, mais avec des dominantes qui changent. Nous avons d'abord utilisé des systèmes de communication qui étaient principalement olfactifs, puis ils ont changé de nature et nos organismes se sont adaptés. Il se peut que demain nous trouvions le moyen d'exprimer des choses extrêmement subtiles à distance sans supprimer complètement le contact. Il ne faut pas imaginer des systèmes trop rigides et trop fixes, je leur fais confiance. Il n'y a pas de raison de désespérer.

Robert MARTY. — Merci à la table ronde, merci à Max DE CECCATTY pour sa très brillante intervention et sa puissance adaptative, je crois que c'est la meilleure définition de l'intelligence.

LE PRÉVERBAL ANIMAL ET HUMAIN
Boris CYRULNIK
Section éthologie
Laboratoire de traitements des connaissances,
Marseille

> « *On ne doit pas confondre les paroles avec les mouvements qui témoignent des passions, et peuvent être imités par des machines aussi bien que par des animaux.* »
>
> DESCARTES

Cette succession de paroles signe l'acte de baptême de l'animal-machine dans un contexte social de la connaissance où il fallait réserver l'âme de l'homme.

Les premiers croisés ont massacré les Allemands parce qu'ils ne parlaient pas la même langue, révélant ainsi qu'ils n'avaient pas d'âme. Les femmes sont si difficiles à comprendre que le concile de Trente leur a accordé une âme de justesse. Et quand CORTÉS demanda à LAS CASAS s'il fallait atteler les Indiens ou les baptiser, le prêtre répondit : « s'ils sont capables de répéter un pater, **il faut les baptiser** », signifiant ainsi que si ces êtres vivants étaient capables de parler la même langue que CORTÉS, ils avaient une âme.

VERCORS reprend le même problème dans *les Animaux dénaturés* (1). Les Tropis (anthropos... pithèques) ont-ils une âme ? Ce qui leur donne le statut d'être humain, ce n'est pas la pierre taillée, ni l'entretien du feu, ni l'enterrement des morts, c'est « qu'ils communiquent entre eux par une espèce de langage ». Il faut absolument savoir si les Tropis ont une âme, et ce qui permet de repérer l'existence de l'âme, c'est qu'ils passent des cris au langage : « dès que les sons articulés désignent des objets ou des faits, des sensations ou des sentiments ».

> « — Mais alors, soupira Doug, selon vous, les oiseaux parleraient.
> — Eh bien alors... baptisez-les !
> — Mais si ce sont des bêtes, Douglas, on ne peut pas songer à leur administrer un sacrement ! Rappelez-vous l'erreur du vieux saint Mael... qui, ayant pris une tribu de pingouins pour de pacifiques sauvages, les baptisa incontinent...
> — Alors ne les baptisez pas !...
> — Dans ce cas, les Tropis pourraient-ils servir de rôti ? ... demanda Douglas Templemore. »

Cette manière de poser la question n'est pas sotte : si on mange un Tropi qui a une âme, on commet un crime de cannibalisme. Mais si le Tropi n'a pas d'âme, on a simplement dégusté un gibier. Il est donc nécessaire sur le plan culinaire de déterminer ce qui caractérise un porteur d'âme. En ce sens, la parole nous fournit un excellent marqueur périphérique de l'âme.

C'est très important avec l'évolution des mœurs actuelles. Bientôt, l'inceste ne sera plus interdit. Le premier rempart de la culture restera le tabou du cannibalisme. Le dernier « marqueur du passage de la nature à la culture », pour paraphraser LÉVI-STRAUSS, sera l'« interdiction de manger sa mère ».

Après ce petit survol historique et littéraire, le moins sérieux possible, je me pose quand même une question : pourquoi avons-nous tant besoin de placer l'homme hors nature, de se le représenter comme un être surnaturel ? Si l'on pouvait concevoir un homme naturel, sans culture, cet homme serait soumis à sa machinerie biologique, il réaliserait l'inceste, il pourrait manger sa mère mais il ne pourrait que la manger crue puisque, pour rôtir, il faudrait une technique et des rituels culinaires, donc un semblant de culture. L'homme naturel ne pourrait pas inhiber ses pulsions ni les organiser sous forme de règle culturelle. Cet homme naturel incestueux et cannibale ne pourrait même pas cuisiner son prochain.

Il va bien falloir changer cette représentation clivée de l'homme puisqu'on sait maintenant que les animaux inhibent régulièrement l'inceste en milieu naturel, qu'ils ont accès aux signes, aux symboles, au langage, et que l'homme naturel n'est pas concevable. Un homme sans culture n'est pas un homme, tant la culture fait partie de sa nature. Observer un homme sans culture reviendrait à observer un poisson hors de l'eau. Ou plutôt, la nature de l'homme est ce qu'il est aujourd'hui dans cette culture qu'il invente et qui le façonne.

Dans cette nouvelle attitude théorique, la parole ne sera plus marqueur périphérique de l'âme. On observera plutôt **les objets de communication** : objets tactiles, olfactifs, sonores et visuels. Cet ordre correspond à l'entrée chronologique en fonction de ces canaux de communication sensorielle chez les embryons de tous les mammifères.

La séparation de ces canaux de communication est un artifice d'observation. Certains animaux constituent des préparations naturelles pour mieux les analyser. Mais l'enjeu, bien sûr, c'est l'homme, et nous essaierons d'observer l'ontogenèse du préverbal quand le corps et son alentour se préparent à la langue.

L'avantage **des goélands** est qu'ils sont nombreux et que rien ne déclenche mieux leurs comportements que l'assiette de votre pique-nique. On doit les observer sur les plus jolis rochers de la côte varoise, où j'ai utilisé la classification proposée par les zoosémioticiens (2) : la syntaxe, la sémantique et la pragmatique chez les goélands de Porquerolles.

La syntaxe, c'est-à-dire la relation qui existe entre les signaux émis par les goélands quand ils communiquent.

Les signaux visuels ont été les premiers décrits par Niko TINBERGEN (3) : tout de suite après sa naissance, un petit goéland se dirige vers son père, et lui donne un coup de bec sur la tache rouge qu'il porte sur sa mandibule inférieure. Cette becquée provoque une régurgitation alimentaire dont va se nourrir le petit.

Le premier temps de l'observation éthologique est l'observation dite « naïve », en milieu naturel, comme si l'observateur n'existait pas.

Le deuxième temps sera l'observation dirigée, où l'observateur va essayer d'analyser les composantes de ce comportement.

N. TINBERGEN a donc dessiné une tête de goéland sur un carton, l'a coloriée, puis présentée au petit qui, aussitôt, s'est précipité pour donner son coup de bec. L'éthologue venait d'objectiver le déclencheur du comportement.

Mais en dessinant une tête de goéland, comme un humain la percevait, il avait anthropomorphisé le petit goéland. Il s'était mis dans la tête de l'oiseau et avait postulé que le monde objectal de cet animal avait la même composition que celui de l'observateur humain. Ce qui est radicalement impossible puisqu'un être vivant ne peut percevoir dans l'objectif de son monde extérieur que les informations traitables par son équipement sensoriel et neurologique. Chaque monde objectif est donc différent d'un être vivant à l'autre, puisque nos organes sensoriels et nos cerveaux sont différents.

Il a donc analysé et présenté au petit goéland des baguettes de carton où il avait collé des pastilles colorées. Ce qui lui a permis de constater que chaque fois qu'il collait une pastille rouge sur un carton jaune, il déclenchait 90 % des becquées, alors qu'il n'en provoquait que 30 % lorsqu'il présentait une pastille bleue sur fond gris.

Ce qui stimulait le petit goéland, c'est donc le rapport de longueurs d'onde rouge/jaune.

Ces signaux colorés sont très utilisés dans le vivant. Les martins-pêcheurs de la vallée du Gapeau connaissent bien cette théorie. Quand l'époque de la nidification arrive, le mâle ramasse des objets colorés : fruits, feuilles, morceaux de verre ou de plastique, et les dépose devant la femelle courtisée. Très intéressée, elle vient regarder l'objet coloré ; alors, le mâle dépose un autre objet un peu plus près du nid. La femelle, curieuse, vient le regarder... d'objet en objet, de plus en plus près, et hop ! le mâle la pousse au nid et l'affaire est faite.

Souvent, c'est le corps lui-même qui est porteur de ce signal coloré qui devient un marqueur périphérique de la motivation interne de l'animal. Ce marqueur sensoriel perçu par le récepteur adéquat peut communiquer cette motivation entre deux individus apparemment séparés.

L'autre question que pose le petit goéland est : pourquoi, dès sa naissance, se dirige-t-il vers son père, alors qu'il évite tous les autres adultes qui lui donnent des coups de bec ?

En fait, la communication sonore a commencé à se mettre en place dans l'œuf bien avant la naissance, comme l'ont proposé GOTTLIEB et GUYOMARC'H (4).

Un œuf de poussin est placé dans une couveuse. Les conditions écologiques sont donc excellentes, mais l'habitat naturel, l'environnement de cet œuf, a été privé des informations sonores habituelles. On observe qu'après la naissance le poussin nouveau-né divague à travers les adultes et ne manifeste pas d'orientation privilégiée. On constate aussi que l'ontogenèse de ses cris, c'est-à-dire la mise en place de son répertoire d'émissions sonores, se fait beaucoup plus lentement que pour un poussin issu d'un œuf bien socialisé, placé avant l'éclosion dans un univers sonore.

Chez les goélands, nous avons enregistré toutes leurs productions sonores et nous avons porté ces enregistrements à un analyseur de fréquence. Ce qui permettait de traduire un bruit en image sonore.

L'ordinateur (BRUHEL et KJAËR) nous a rendu des images très différentes que l'on a pu correler à des mouvements et postures très différents. Ce qui a permis de nommer certains cris et d'en faire un inventaire.

Le plus banal, c'est le cri d'appel, bref, peu intense, répété, à spectre fréquentiel étroit. On ne l'entend que lorsque l'animal est seul. Généralement, ce cri, ou l'émission par le magnétophone, provoque une réponse comportementale d'un autre animal proche qui doucement se met à nager vers la source sonore en émettant le même cri d'appel. Ce cri est une sorte d'écholocation, une sorte de : « y a quelqu'un ? »

Le miaulement est plus long, plus intense, plus mélodieux. Généralement, ce cri provoque l'approche de tous les impubères du groupe qui accourent vers le miauleur, tandis que les autres adultes répètent le même cri par une sorte de contagion émotive.

Le cri de « quémandage » alimentaire est suraigu, bref, très peu intense. Les animaux n'émettent ce cri qu'en rentrant la tête, en rentrant les pattes, en gonflant leurs plumes, en se mettant en boule, ce qui permet de signifier un message, de communiquer une émotion la moins effrayante possible. Les nouveau-nés poussent ce cri spontanément.

Le cri d'alarme très intense, monotonal, sans mélodie,

répété, s'effectue lorsque le guetteur a perçu un prédateur ou reçoit une raclée par un dominant.

Le cri de triomphe, c'est le plus savant de tous les cris : d'abord très doux, il s'amplifie régulièrement pour se terminer par un staccato très sonore. Cette mélodie polysyllabique se termine par un *contre-ut* du plus bel effet.

Le comportement associé est très caractéristique. Il commence sa phase en plongeant la tête sous l'eau, comme en coulisse. Plus la sonorité est grande, plus il dresse le cou et bat des ailes. On entend ce cri surtout au printemps ou après une victoire. Ce cri, très compliqué — variations d'intensité, de syllabes, de rythmes et de postures — exprime et communique une sensation interne d'euphorie.

Il y a bien d'autres cris. TINBERGEN en a recensé une cinquantaine. Pour ma part, j'estime qu'avec une dizaine de cris on arrive à avoir avec les goélands des échanges tout à fait intéressants.

L'observation et l'enregistrement d'un cri m'a posé un problème : le cri d'accouplement. Lorsque la femelle est motivée pour la sexualité, elle approche le mâle, rentre le cou, les pattes et les ailes, pousse de petits cris de « quémandage » alimentaire, puis elle tourne autour, en avançant la tête puis en la rejetant en arrière. Le mâle s'étire un peu, charge un autre mâle qui passe par là, fait mine de ramasser des brindilles.

Puis, de séquence en séquence, les deux animaux se synchronisent jusqu'à l'accouplement. Le mâle pousse alors un cri étrange, rythmé, que l'on n'entend que dans cette circonstance. L'ordinateur consulté donne une image où l'on voit que la structure physique de ce cri est une chimère sonore composée pour moitié d'un cri de triomphe et pour l'autre moitié d'un cri d'angoisse.

Le mâle exprime ainsi la disposition interne dans la sexualité : triomphe et angoisse mêlés. Ce qui permet de dire que les goélands mâles sont de grands philosophes.

L'ordinateur qui nous révèle les profils caractéristiques de certains cris nous montre aussi que pour un même profil signifiant, chaque goéland n'a pas tout à fait la même voix que les autres et que chaque animal peut se différencier par la structure fréquentielle ou prosodique de ses cris. Ce qui explique que chaque nouveau-né, dès sa naissance, ait pu s'orienter vers ses parents. A la fin de l'incubation, il a perçu dans l'œuf cette voix particulière et s'y est familiarisé. Il peut donc la reconnaître dès sa naissance et s'orienter vers cette source sonore déjà familière.

L'analyseur de fréquence nous a joué un tour. On bague les goélands à la pointe des Mèdes, à Porquerolles, pour suivre leur migration. Comme ils reviennent nicher chaque printemps au même endroit, on peut observer si, après leur puberté, ils respectent l'inhibition de l'inceste. Guy LAUNAY (5) suit à la jumelle ces goélands bagués (600 à Hyères, 900 à Marseille et 300 en Corse), et constate que ces goélands bagués en Méditerranée franchissent les Pyrénées pour passer la fin de l'été au Pays basque.

Il se trouve que les goélands anglais, depuis quelques années, viennent aussi au Pays basque. L'observation de ces goélands bagués permet de constater que les deux populations ne paradent jamais entre elles. Il s'agit pourtant de goélands leucophées rigoureusement de même équipement génétique.

L'analyseur de fréquence montre que, si la structure des cris garde bien la même signifiance, le même tracé d'ensemble, les courbes de fréquence ne sont pas exactement superposables : les goélands anglais et marseillais n'ont pas le même accent ! Et cette différence de signaux sonores et posturaux suffit à empêcher les parades sexuelles en supprimant les synchronisations émotives de ces animaux de même espèce.

La différence des syntaxes comportementales n'a pas permis la communication émotive, et les animaux n'ont pas pu se coordonner ni synchroniser leurs motivations.

Puisqu'on aborde la syntaxe, il va bien falloir parler d'appropriation de l'espace et d'organisation temporelle.

C'est cette possibilité de mise en mémoire biologique qui permet à cette mouette rieuse d'attribuer à ce poisson une fonction signifiante. Au cours de son enfance, la mouette rieuse n'a pas pu ignorer l'expérience de l'offrande alimentaire. Ses parents lui ont obligatoirement régurgité des mollusques, des morceaux de poisson ou de viande prédigérés. Le frayage synaptique, la trace dans le cerveau lors de cette expérience, fait que le poisson se charge d'une sensation de familiarité et de satisfaction. Par la suite, tout poisson dans un bec de même espèce va réveiller, rendre à nouveau immédiat l'expérience sensible de cette émotion. Le mâle motivé pour la sexualité va attraper un poisson pour l'offrir de force à sa belle. Si elle n'est pas motivée, elle va s'enfuir en criant, ou bien considérer le poisson comme un objet alimentaire et l'avaler (dans ce cas... le mâle ira se faire cuire un œuf). Mais si elle prend le poisson et le tient en travers du bec au lieu de l'avaler, cette posture prend fonction de familiarité, comme lorsqu'elle était nourrie dans son enfance. Elle va autoriser le mâle à passer à la séquence ultérieure de sa parade sexuelle.

Cette mémoire permet d'attribuer une signifiance à un poisson et de lui donner une fonction tranquillisante. Le poisson-signifiant permet la communication d'une émotion. Ce poisson n'est plus un poisson. Il est perçu pour autre chose qu'il signifie : poursuite autorisée de la parade sexuelle.

Ce qui permet de dire que lorsqu'on invite une femme au restaurant, ce n'est pas pour la nourrir !

D'autres comportements issus de l'enfance sont ritualisés pour signifier l'apaisement et faciliter les interactions : c'est le cas des comportements de toilette comme le léchage, l'épouillage ou l'exposition de l'arrière-train.

Une femelle de chimpanzé ne pourra pas s'approcher d'un mâle de face parce que cette posture véhicule une émotion agressive, prête au combat. Elle va donc l'approcher en lui exposant son arrière-train. Cette posture communique, comme chacun le sait, un sentiment d'extrême familiarité.

Je m'aperçois que j'ai beaucoup parlé de syntaxe comportementale et de pragmatique de la communication sans aucune gêne. J'ai du mal à parler de sémantique chez les animaux, même si ce terme est parfois entré dans la littérature. Les chimpanzés apprennent les gestes des sourds-muets américains, ils utilisent des signes en matière plastique dont la forme arbitraire réfère à un objet, et des touches d'ordinateur tapotées par le singe dessinent sur l'écran une série de signes.

Ces expériences démontrent que les singes ont accès à une représentation des choses déjà très élaborée. Mais les signes qui réfèrent à ces choses ont été codés par l'observateur humain. Lui seul sait que ces signes arbitraires réfèrent à des mots qui réfèrent à des choses.

Peut-on parler de sémantique non verbale ? Et, dans ce cas, faudra-t-il scolariser les orangs-outans ?

L'enjeu de ces observations animales est l'homme. L'observation comparative fait surgir des prises de conscience. Le monde animal permet d'essayer des méthodes et de puiser dans ce fabuleux trésor à hypothèses. Parfois, nos résultats seront identiques à ceux des animaux puisqu'on participe, comme eux, au monde vivant. Souvent, ils seront différents puisqu'on participe à une espèce différente. L'enjeu est de faire surgir des informations nouvelles avec des hypothèses et des méthodes nouvelles.

Ayant appris l'existence d'une familiarisation auditive chez l'œuf de goéland, ayant appris la méthode d'introduction d'un hydrophone dans un utérus de brebis avant l'accouchement, les gynécologues et les éthologues sont partis à la recherche de la **communication intra-utérine**.

Le canal de communication le mieux étudié est le canal sonore, pour des raisons de capteurs techniques (6). L'utérus est un univers sonore où l'on entend surtout le bruit du placenta comme un vent dans les haubans. Le bruit de la conversation autour de l'utérus passe facilement dans l'utérus. L'analyseur de fréquence nous donne une image sonore de ces bruits et montre que les basses fréquences de la voix maternelle dessinent un spectre très différent du bruit de fond. Les hautes fréquences sont éliminées par le filtre musculaire et aquatique de la mère dont la voix paraît très basse et non superposable au bruit de fond. Les femmes et les hommes qui parlent autour de cet utérus sont moins filtrés que la mère. Leurs voix paraissent donc plus aiguës et l'image sonore de la conversation péri-utérine se confond avec l'image sonore du bruit de fond. Or, les basses fréquences se transforment en vibrations plus tactiles que les hautes fréquences. C'est cette traduction tactile d'une sonorité que va percevoir le bébé dans l'utérus dès la vingt-septième semaine. Le message maternel se transforme en massage. La transmission auditive se fait par voie osseuse et musculaire, comme chez les animaux marins qui vivent dans un milieu liquide tellement bon conducteur de sons qu'ils n'ont pas eu besoin d'inventer l'oreille aérienne.

Ce qui permet de savoir que les bébés entendent, c'est d'une part l'électrophysiologie des prématurés, d'autre part l'étude des réactions végétatives et posturales intra-utérines : quand la mère parle et que le bébé est éveillé, son cœur s'accélère, il change de posture, se met à palmer avec ses mains, gambader, sucer son pouce ou le cordon ombilical, comme on peut le voir à l'échographie.

Il ne réagit aux bruits péri-utérins que pour les sons intenses. Il sursaute. Alors que certaines composantes de la voix maternelle le stimulent hautement — les voyelles riches en vibrations transmises par le corps maternel —, certains phonèmes stimulent le bébé nettement plus que d'autres. Ce qui révèle la compétence linguistique intra-utérine des bébés. Et surtout la prosodie de la voix maternelle. Quand elle lit le règlement du métro parisien, le bébé gambade. Quand elle lit ce même règlement à l'envers, le bébé s'en moque. C'est donc la prosodie de la voix maternelle qui stimule le bébé (et non pas le règlement du métro parisien).

Donc, ce qui se communique le mieux par ce canal de la parole maternelle à l'oreille interne du bébé, c'est une sensorialité particulière faite de certains éléments de la voix maternelle : les basses fréquences, la musique et certaines organisations linguistiques vibrantes. Quand la mère parle, c'est comme si le bébé entendait une voix grave d'homme chanter en langue étrangère pour le faire vibrer.

L'homme se confond avec la conversation péri-utérine et le bruit de fond de l'utérus. Le bébé n'y réagit pas. En revanche, si le père tombe malade, le bébé devient hyperkinétique. Comme on sait qu'il n'y a pas d'interaction directe père-bébé utérin, on peut penser que lorsque cet homme signifiant pour la mère (le père peut-être) tombe malade ou se dispute avec sa femme, l'émotion maternelle modifie l'univers utérin et l'environnement écologique du bébé qui réagit par une hyperkinésie.

Comme il n'y a pas d'interactions directes homme-bébé, cet homme-là est médiatisé par la mère.

Dans les deux heures qui suivent la naissance, le bébé oriente la tête et les yeux vers la source sonore de sa mère porteuse, alors qu'il reste indifférent pour toute autre femme ou homme. Cette réaction comportementale prouve que, dès sa naissance, le bébé reconnaît un objet sonore linguistique auquel il s'est déjà familiarisé. Malgré son passage du milieu aquatique au milieu aérien, il garde en lui la permanence d'un objet sonore constitué par les basses fréquences d'un phonème mélodieux.

Puisqu'on est encore dans la pragmatique de la communication, on va observer maintenant comment le nourrisson organise ses expressions sonores.

Le même capteur (magnétophone et analyseur de fréquence) nous a permis de décrire **la structure et la fonction des cris de prématurés.**

D'abord, le cri est carré : même intensité, proportion égale de fréquence, début et fin brusques. Mais, en quelques heures, le cri s'organise sous forme de pleurs rythmés et de fréquences variables.

On remarque que certaines images sonores sont plutôt structurées avec des cris de basses fréquences vers la gauche, alors que d'autres s'organisent avec des cris de hautes fréquences vers la droite.

La communication émotive de ces images sonores est très différente. Les images riches en basses fréquences déclenchent des interprétations enjouées de la part des adultes : « Tiens, il a encore faim, ce goulu... il nous appelle encore... Elle s'ennuie sans nous », etc. Alors que les images sonores riches en hautes fréquences déclenchent instantanément des angoisses : « Ça me serre, je me sens mal à l'aise... C'est crispant, etc. » Ces somatisations anxieuses, étonnamment rapides, sont déclenchées, chez les femmes, les hommes et les animaux éducateurs. Les chiennes se mettent à gémir et se dirigent vers le magnétophone, les chattes manifestent des comportements de recherche. Ce qui révèle le mystère de la communication entre des espèces vivantes de programme génétique différent.

On possède avec cette image sonore un repère comportemental expressif qui nous permet de voir comment un tout nouveau-né réagit aux perceptions de l'environnement : il suffit de changer le pourtour du lit, sa couleur, son volume pour augmenter la composante aiguë, angoissante de l'image sonore, alors que toute stabilité du milieu augmente la composante grave apaisante.

On assiste là à la mise en place d'une spirale interactionnelle : changement du milieu ; cris aigus du bébé ; angoisse parentale ; mouvements excédés ; réaction somatique de l'enfant ; anorexie ; diarrhées, etc.

La prise de conscience peut aussi modifier cette spirale.

Les réanimateurs en néonatalogie faisaient sept ponctions intra-artérielles par jour. On nous expliquait que c'était pratique pour le soigneur et que cela n'avait pas beaucoup d'importance pour le prématuré qui ne « sentait rien ».

Ce jour-là, j'ai compris pourquoi, dans certains services, on enveloppe les bébés dans du papier d'argent comme le jambon de ma charcutière. Une personne, on l'enveloppe avec les vêtements de sa culture... pas un jambon !

On a donc traduit en image sonore des cris de ces prématurés et tout le monde a pu voir que chaque fois que le réanimateur s'approchait avec son aiguille, l'image passait dans les aigus. Depuis ces images, les prématurés n'ont que trois ponctions par jour.

On connaît maintenant la pragmatique de cette communication ; on a vu comment pouvait s'organiser une spirale interactionnelle ; on peut tenter maintenant d'observer comment s'injecte le sens dans cette spirale interactionnelle.

Nous avons tenté de filmer **la naissance du sens**. Pour ce faire, nous avons utilisé le moment sensible du premier sourire (7). Une caméra filme en continu le visage des bébés, tandis qu'un enregistrement polygraphique recueille l'EEG et l'EMG. Une corrélation statistique entre ces événements éleciques, musculaires et vidéoscopiques, montre de manière très significative que le premier sourire après la naissance ne se produit que pendant les phases de sommeil paradoxal (ou plutôt d'analogue du sommeil paradoxal chez le nouveau-né). Les prématurés sourient plus que les nouveau-nés à terme puisqu'ils sécrètent plus de sommeil rapide. C'est donc le neuropeptide qui provoque la sécrétion du sommeil paradoxal, qui provoque en même temps les mouvements oculaires et l'érection.

Mais la mère, elle, quand elle perçoit le sourire de son bébé, ne dit jamais : « Tiens, mon petit Victor vient de sécréter le neuropeptide qui éveille la phase paradoxale de son sommeil ! » Elle interprète cette expression périphérique, ce sourire-signal et lui attribue un sens. Elle dit par exemple très souvent : « Il rêve. Il sourit. Il est heureux. Je vais savoir le rendre heureux. » Ce disant, elle s'approche de son bébé. Ce faisant, elle crée autour de lui un monde riche en informations sensorielles : odeur, chaleur, proximité de la voix, ajustement des postures.

On a observé d'autres interprétations : « Il sourit. Le pauvre, il ne sait pas ce qui l'attend. Je n'aurais pas dû le mettre au monde. » Et ce disant, la mère place son corps en retrait, le raidit, créant ainsi un modèle sensoriel plus froid où les informations sensorielles sont plus distantes.

« Ce disant » se mêle à « ce faisant », pour créer autour du bébé des mondes sensoriels totalement différents selon l'interprétation que la mère a donnée de ce sourire-signal.

Tout à l'heure, pour les cris, on a décrit une adaptation ; la mère s'angoissait ou s'amusait, en réponse à la structure physique du cri.

Maintenant, pour le sourire, c'est une interprétation. La mère adapte son comportement à l'interprétation qu'elle donne de ce sourire-signal. Elle attribue à ce signal un sens venu de l'organisation de son propre inconscient, une signification privée acquise au cours de son histoire.

Elle a injecté du sens dans la spirale. Dès que le signal a été perçu et interprété, elle l'a transformé en signe. « Son sourire, c'est signe de bien-être... grâce à moi. »

Et cette modification sensorielle peut nous permettre de comprendre cette curieuse psychobiologie croisée. « Comment un fantasme maternel peut-il modifier un métabolisme de l'enfant ? » Quand la mère, par son interprétation, ne crée pas autour de l'enfant cette sensorialité tranquillisante, l'enfant agité, anxieux, abîme les stades de l'endormissement et du sommeil lent. Il s'endort mal, puis tombe trop vite en sommeil paradoxal. Il écourte ainsi ce sommeil lent, profond où le cerveau sécrète l'hormone de croissance. Pour peu que cette spirale dure quelques années, la taille moyenne de l'enfant peut être très inférieure à celle de la population témoin. Cet enfant a une petite taille et de mauvais résultats scolaires parce que sa mère a eu des difficultés dans sa propre enfance. La force du fantasme issu de cette histoire a organisé la spirale interactionnelle de telle manière que l'enfant n'a pu sécréter assez d'hormone de croissance.

La mère, par la syntaxe de ses gestes, a introduit du sens dans les interactions avec son enfant et modifié sa biologie.

A ce stade de notre cheminement, il s'agit d'observer comment une représentation inconsciente peut fonder une expression gestuelle inconsciente.

Le protocole d'observation a été très simple : nous avions

décidé d'observer la première prise en paume de son bébé par la jeune mère, au cours de la première toilette (8). Nous avions découpé des poupons en papier millimétré (garçon : face et dos — fille : face et dos).

Chaque fois que la mère empaumait l'enfant entre le pouce et l'index, nous tracions une croix sur le poupon-papier millimétré référant à l'endroit du corps réellement touché. Une croix pour la prise entre le pouce et l'index, deux croix pour la prise en paume, trois pour le corps-à-corps.

Au bout d'une dizaine de toilettes, on a vu apparaître sur le poupon-papier des zones de crayonnage différentes selon le sexe. Les garçons sont dans l'ensemble touchés sous les bras et derrière la tête. Alors que les bébés filles âgées de quelques jours étaient prises en paume, comme les garçons, sous les bras et derrière la tête, mais en plus, elles étaient très significativement touchées au milieu du corps, poitrine, ventre, dos et fesses. Cette différence de prise en paume ne pouvait s'expliquer uniquement par la pragmatique du geste, il fallait bien ajouter une fantasmatique du geste. Un geste fondé sur la représentation que la mère se faisait du statut psychosexuel de son enfant. Il convient pour empaumer un petit garçon de se disposer face à lui pour l'empaumer sous les bras et derrière, alors qu'il convient de se disposer plus latéralement pour un bébé fille de façon à pouvoir la toucher davantage vers le milieu du corps. Les professionnels, les puéricultrices, les accoucheurs n'ont pas exprimé cette sexualisation gestuelle fantasmatique. Ils ont empaumé les bébés sans différencier les sexes.

Tout cela, bien sûr totalement non conscient, a nécessité un artifice d'observation pour le faire émerger (9). Ce qui n'empêche que ce qui a été communiqué aux bébés, c'est un monde sensoriel très différent, fondé sur la représentation que se fait la mère du statut psychosocial des sexes.

Ce processus de **communication bio-imaginaire** permet aussi l'expression de soi.

On peut l'observer de manière souvent caricaturale chez les travestis qui décorent leur corps des signaux hyperféminins de notre culture : talons aiguille, jupe fendue, décolleté, perruque longue, coloriage du visage, gestes hyperféminins.

La différenciation sexuelle de cette expression gestuelle commence extrêmement tôt, puisque, dès le huitième ou dixième mois, on peut observer les gestes coude-au-corps des petites filles, alors que les bébés garçons commencent déjà à rouler des mécaniques (10). Les vêtements constituent une véritable écriture racontant la manière dont on désire se socialiser. Les cheveux dans l'histoire ont très souvent été utilisés en tant que discours politique et marqueurs de niveau social. Saint PAUL recommande aux hommes de se faire couper les cheveux pour faire une différence entre les sexes et fonder un ordre moral. Au XVIIIe siècle, l'escalade des perruques (dont certaines atteignaient 75 cm) était devenue un si bon marqueur de niveau social que certains inspecteurs généraux avaient inventé l'impôt sur la perruque. La Révolution française, en supprimant les perruques, exprimait dans le quotidien son intention idéologique de couper tout ce qui dépasse.

Jules VALLÈS raconte comment Napoléon III emprisonnait les porteurs de barbes carrées. Napoléon III avait bien compris à quel point les poils peuvent être utilisés en tant que discours politique. Les « petits napoléoniens » portaient la barbichette et la moustache pointue, alors que les révolutionnaires portaient la barbe diffuse, comme Karl MARX.

Je ne suis pas sûr que cela ait beaucoup changé aujourd'hui, et je suis prêt à parier que la longueur moyenne du cheveu socialiste est plus grande que la longueur moyenne du cheveu chiraquien.

On dispose là d'un trésor anthropologique où tout objet devient porteur de sens et marqueur d'ordre social.

Nos objets privés, intimes, peuvent aussi devenir porteurs de sens, marqueurs périphériques de notre inconscient. Ils peuvent prendre une fonction expressive de cet inconscient.

Nous avons simplement photographié les objets disposés autour de la tête du lit de patients hospitalisés. Après plusieurs centaines de diapositives, nous avons comparé et cherché à voir si une forme apparaissait.

Certains objets expriment un style de disposition dans l'espace, très caractéristique des névroses : les objets sont donnés à voir pour exprimer quelque chose de soi. Les maximes encadrées sont nombreuses, exprimant des règles de vie ; on peut voir des objets tranquillisants : cigarettes, chocolats, nounours, tricots. Ces cartes postales signifient qu'on aimerait faire savoir qu'on a visité ces pays. Ces livres pour s'isoler du monde, mais aussi livres-vitrines exposés pour faire croire qu'on les a lus, pour paraître celui qui aurait lu ces livres.

Chez les schizophrènes, en revanche, les objets ont perdu leur valeur sémantique. Ce sont des objets-détritus qui ont sédimenté au cours de leur utilisation quotidienne. Objets sans sens qui ne veulent plus rien dire, qui ont perdu toute fonction relationnelle.

Pas d'objets chez les mélancoliques. Rien à dire au cours des entretiens. Les mélancoliques organisent un monde vide d'objets, vide de sens, et vide de paroles. Les psychotiques maniaco-dépressifs, qui parlent, écrivent, téléphonent et décorent en phase maniaque, ne comprennent plus le sens des mots en phase mélancolique. Ils font répéter comme s'ils étaient sourds, parce qu'ils n'entendent que des onomatopées bizarres. C'est seulement lorsqu'on entre en relation avec eux que ces sonorités se transforment en paroles.

Nous avons embarqué avec huit patients schizophrènes, sept accompagnateurs marins, infirmiers et assistants des hôpitaux. L'alibi scientifique de cette croisière consistait à observer les interactions d'espaces et de regards dans cet espace obligé du bateau.

Jusqu'au jour où, en passant les diapositives pour la dixième fois, nous avons vu une forme apparaître : à chaque escale, pendant la navigation, même quand il pleuvait, nous nous étions réparti l'espace du bateau en fonction de notre statut psychosocial. Les statutairement malades avaient occupé les espaces du fond du bateau : cockpit, cabines isolées, alors que les statutairement soignants avaient occupé les espaces en haut : toit du roof, passavant, chaise à barreur.

De même que tout à l'heure les mères avaient exprimé une gestualité fantasmatique, nous avions fait parler l'espace ou, plutôt, nous l'avions rendu signifiant.

La signification que nous avions attribuée à cet espace mathématique était fondée sur la représentation que nous avions de notre statut psychosocial : les soignants en haut, les soignés en bas.

Notre appropriation signifiante de cet espace mathématique fondée sur nos représentations de ce groupe rendait impossibles les conditions sensorielles de tout acte de conversation.

Nous ne pouvions parler qu'entre nous : nous venions de réaliser, non consciemment, le contraire de ce que nous avions verbalisé avant l'embarquement.

Ce qui mène à penser que nos manières de nous prescrire dans nos relations se fondent en grande partie sur l'image qu'on se fait de soi.

J'ai réussi à photographier **l'image que je me fais de moi** et que je perçois dans mon miroir le matin quand je me rase. Chacun peut voir que c'est très ressemblant : mince, décontracté, musclé... peut-être un peu gêné par les cheveux. Mais l'image de moi, ce n'est pas le reflet de moi. Là, on est au niveau de la perception qui n'est que le premier temps de la représentation.

Lorsque des paons sont passés devant le miroir, celui qui percevait son reflet effectuait aussitôt un rituel de salutations impeccablement répété par le reflet. Cette stimulation déclenchait des salutations infinies qui ne cessaient qu'avec la fatigue de l'animal. Puis on passait au paon suivant... Avec les chevaux, cette première rencontre avec le miroir provoque des réactions comportementales analogues à celle du paon. Un chat pointe ses oreilles, avance le nez et s'aplatit pour jouer. L'exacte symétrie gestuelle du reflet empêche la hiérarchisation des chats. Désormais, il évite le miroir, ce qui fait croire souvent qu'il ne se perçoit pas dans le miroir. En fait, son comportement face au miroir est différent de son comportement face au mur : on peut lui appuyer les pattes antérieures sur un mur sans trop de difficultés, alors qu'il se débat et rabat les oreilles quand on l'appuie face à un miroir. Il faut le caresser pour le maintenir face à un miroir, alors que ce n'est pas nécessaire face à un mur. La différence est d'autant plus nette qu'on fait cette observation autour de la période sensible des premières semaines.

Un cheval couche les oreilles quand il croise un congénère, et ne les couche plus quand il passe souvent devant un grand miroir. Il s'est familiarisé avec son reflet, comme l'expérimente Danièle GOSSIN qui dispose la mangeoire en bas d'un miroir. Elle se place derrière le cheval et ouvre sa paume qui contient un morceau de sucre. Le cheval dresse la tête et se retourne pour se diriger vers la main qui tient le sucre. C'est-à-dire que le cheval a su renverser l'image virtuelle en perception réelle. Il a su aussi se familiariser avec cette perception, reflet étrange, inhabituel qui ne se comporte pas comme les autres chevaux.

Le chien dans le miroir et le cheval dans le miroir perçoivent des informations sensorielles élémentaires du reflet. Ils savent renverser l'image parce que la proportion ou l'olfaction constituent des stimulations supérieures à celle du reflet, mais ne perçoivent pas l'image d'eux-mêmes dans le miroir. Ils perçoivent un reflet sensoriel étrange auquel ils peuvent se familiariser, mais ne perçoivent pas l'image d'eux-mêmes dans le miroir. C'est une perception sans représentation.

En revanche, chez les grands singes, il semble bien que la perception soit d'emblée représentative. Un chimpanzé face à un miroir réagit d'abord comme face à un autre. Il s'émeut et cherche à ritualiser l'interaction. Comme l'autre en face réagit en miroir, il s'ensuit un comportement désorganisé où se mêlent la menace, la fuite, la hiérarchie, l'évitement. Puis, le singe se familiarise avec cette « inquiétante étrangeté ». Il s'approche, renifle, lèche, touche. Il fait connaissance sensoriellement, passe la main derrière et, comme Alice au Pays des merveilles, va voir derrière le miroir. Vers le quatrième jour, c'est soi-même dans le miroir qu'il explore : il ouvre la bouche, regarde ses dents, explore sa nuque et son dos avec le plus vif intérêt.

Voici un chimpanzé filmé derrière une glace sans tain : chacun peut observer « ... l'assomption triomphante de l'image avec la mimique jubilatoire qui l'accompagne et la complaisance ludique dans le contrôle de l'identification spéculaire » (LACAN).

Après qu'ils ont appris à se reconnaître dans le miroir, GALLUP leur colore une oreille en bleu. Dès qu'on les place à nouveau face à un miroir, ils portent instantanément la main sur l'oreille pour l'essuyer.

Ce comportement face à l'image spéculaire a été étudié chez l'enfant. Ce n'est qu'à partir du quinzième mois qu'une petite population de bébés peuvent renverser l'image de soi, traduire l'espace virtuel en espace mathématique, et manifester leur résolution du problème par un marqueur périphérique, un comportement manifeste qui prouve qu'ils ont bien résolu le problème : dès qu'ils perçoivent leur image dans le miroir, ils essuient la tache rouge qu'on leur a faite sur la joue (11).

L'important sur le plan méthodologique, c'est qu'un marqueur comportemental très périphérique peut référer à un niveau de développement du cerveau ou de la personne.

Ainsi, jusqu'au sixième mois, un enfant se dirige vers tout objet qui l'intéresse, l'attrape et le porte à la bouche. Mais entre le sixième et le huitième mois, on voit apparaître un changement de stratégie relationnelle face à l'objet. L'enfant se dirige vers l'objet qui le stimule, mais avant de le toucher ou de le porter à la bouche, il regarde sa mère, ou l'adulte coprésent, avant de passer à la séquence ultérieure de son exploration.

Or, l'observation de ce comportement très périphérique correspond au moment où le développement du cerveau de l'enfant lui permet de percevoir l'ensemble visuel forme-couleur et où le développement de l'histoire de cet enfant lui permet de faire la distinction entre un visage familier et non familier.

C'est ce que les psychanalystes appelaient « l'angoisse du huitième mois devant l'étranger » (SPITZ).

Il y a donc, vers le sixième mois, une période sensible de la perception du visage, repérable grâce à un comportement très périphérique.

Vers le quinzième ou dix-huitième mois, le comportement périphérique repérable, face au miroir, est la désignation de soi.

L'ensemble verbo-moteur qui apparaît vers le quinzième mois est constitué par l'acte :
— d'essuyer la tache sur la joue perçue dans le miroir ;
— de se désigner soi-même quand on est nommé par un adulte. L'adulte dit : « où est Barbara ? », et l'enfant utilise le premier signifiant moteur dont il dispose, son index pour le pointer vers lui-même. Le pronom personnel « je » n'apparaît que vers la troisième année (R. ZAZZO, 1975).

Pour observer l'apparition de cette démarche référente, prenez un chien et un morceau de viande. Jetez le morceau de viande derrière la porte, en vous arrangeant pour que le chien ne le voie pas. Puis appelez le chien et signifiez en pointant du doigt : « Va chercher le morceau de viande... là-bas ! » Quand le chien colle sa truffe sur le doigt adoré, dites alors : « Mais non, pas là... là-bas... il est bête ce chien ! »

Votre chien ne possède pas l'équipement neurologique qui lui permet de faire une démarche référente, de percevoir que ce signal du doigt réfère à une information non perceptible du morceau de viande, là-bas.

Le système nerveux de votre bébé lui permet dès le quatorzième mois de se désigner dans le miroir ou de se désigner dans une pile de photos. Cet ensemble verbo-comportemental nous fournit un excellent marqueur périphérique du développement du cerveau et de la personne.

On peut alors tenter d'observer comment se met en place l'organisateur œdipien.

L'avantage de Toulon, c'est qu'il y a beaucoup de marins. Et l'avantage des marins, c'est qu'ils nous fournissent beaucoup d'enfants et un stock de pères absents.

Le protocole d'observation consiste à fournir une pile de photos à un bébé sur les genoux de sa mère, de glisser parmi ces photos la photo de son père et de noter le moment où va se manifester cet ensemble verbo-comportemental : pointer du doigt, regarder sa mère et articuler « papa ». Au quinzième mois, 25 % d'une petite population d'enfants de marins réalisaient ce comportement de référence, contre moins de 10 % pour la population de Toulonnais employés par la préfecture. Ce n'est que vers le dix-neuvième mois que ce chiffre sera atteint par la population d'enfants de pères présents (12).

Comment interpréter cette donnée ? On peut dire que c'est l'uniforme de marin qui stimule la verbalité de l'enfant. D'autres soutiennent que c'est le gène du pompon rouge. On peut aussi proposer que l'absence sensorielle, réelle du père, néanmoins parlée, présentée par la mère et les objets signifiants (photos, sacs de voyage, livres, etc.), stimule chez l'enfant de marin l'accès à la représentation.

Le chien ne peut se représenter le morceau de viande derrière la porte, alors que l'enfant de marin, dès le quinzième mois, se désigne dans le miroir, désigne son père ou une photo et articule « papa ».

La présence réelle du père ne donne accès à cette performance que trois ou quatre mois plus tard !

Pour que la performance verbo-comportementale d'accès à la représentation soit améliorée, il faut que la mère ait envie de signifier le père absent. Alors le mot « papa » vient en place du père absent.

Le discours social constitue une autre force modelante qui participe à cette performance articulatoire. Articuler « domine », comme chez les Romains pour référer à un homme dominant dans la maison, articuler « Monsieur », contraction de Monseigneur comme au XVIIIe siècle, nécessite une maturation neuro-phonotoire plus grande que pour « papa ». Assez curieusement, quand le père napoléonien devient le représentant de l'État dans la famille, c'est à ce moment-là, au XIXe siècle, que le mot « papa » se développe dans la langue. Cette articulation est pourtant un équivalent phonétique de « maman » au MmH plus incorporateur, alors que le « PpH » de « papa » marque plus de distance. C'est au moment où son rôle social l'introduit dans la famille que l'onomatopée en fait un analogue alentour de « maman ». Cette onomatopée exprime bien l'ontogenèse perceptuelle dans le psychisme de l'enfant.

Le contexte social introduit le mot dans la langue. Mais c'est le contexte éthologique de la présentation maternelle, c'est la fantasmatique de ses gestes, qui va attribuer à ce mot une émotion de fête ou de glace.

Nous avons observé une situation naturelle inévitable dans notre culture, celle du moment où l'on entend le père rentrer du travail.

Dans une observation, la mère donne à manger au bébé de quinze mois. Tout se passe bien. La mère et l'enfant jouent, vocalisent et tapent dans la purée. On entend le bruit de la porte d'entrée. La mère dit : « Tiens ! voilà papa », et instantanément l'enfant cesse de manger.

On peut penser que ce n'est pas l'information référente qui a bloqué le bébé, mais plutôt l'information plus immédiate transmise par le co-texte éthologique des gestes de la mère. Le tremblement de sa voix, le raidissement de sa posture, la brusquerie soudaine de ses mains ont dû réaliser pour l'enfant une véritable messagerie sensorielle.

Dans une autre observation, la mère dit : « Tiens ! voilà papa », et ce disant, elle sourit, incline la tête et tourne les genoux vers le père. La messagerie est radicalement différente.

Dans la première observation, l'histoire de la mère nous apprend qu'au cours de sa propre enfance, elle avait été très malheureuse et angoissée par les rapports de domination et d'exclusion que ses parents avaient établis entre eux.

En reprenant ce que nous avait fait comprendre l'analyse du sourire et la prise en paume, on peut maintenant imaginer que l'histoire de cette mère et sa manière de se la rappeler aient donné du sens à cet événement de la rentrée du père. Au cours de la phrase : « Tiens ! voilà papa », son cotexte éthologique transmet une sensorialité d'angoisse qui bloque l'enfant.

On peut imaginer que plus tard, quand on aura cet enfant en psychothérapie, il dira : « Dès que mon père rentrait, il faisait rentrer l'angoisse avec lui », ce qui aura été vrai. Mais il attribuera la cause de l'angoisse à son père, alors qu'il aurait fallu la rechercher dans l'enfance de sa mère et dans sa manière de se la rappeler.

Finalement, quand on pense au nombre de facteurs nécessaires à l'apparition du mot « papa » — maturation neurologique de l'enfant, présentation éthologique par la mère, prescription du rôle social par la culture, préexistence du mot dans la langue —, on se dit que, pour que tous ces facteurs se rencontrent et se conjuguent, pour qu'un homme se fasse appeler « papa » un jour, c'est hautement un miracle.

L'image et le mot n'ont finalement pas un statut si éloigné que cela. L'objet comme le mot doivent passer par la perception, puis se charger d'une fonction sémantique pour être dénommés.

Le visage est un objet très particulier. A la naissance, ce qui stimule le bébé, c'est l'ensemble brillance-mouvement à 30 cm. Vers le sixième mois, il percevra l'ensemble forme-couleur dans les circuits neuronaux qui se stabilisent vers le lobe temporal (et non plus occipital), c'est-à-dire vers les zones du langage. Enfin, entre le quinzième et le vingtième mois, cette représentation partielle de choses va se voir attribuer un nom.

Or, la clinique nous offre des situations expérimentales naturelles. L'une d'elles est le pointage du tout début de la maladie d'auto-prosopagnosie. Le protocole d'observation est très simple. La patiente et l'observateur s'asseyent face à face, le long d'un grand miroir. On fait parler la patiente des événements récents, des événements anciens, puis on lui demande son nom. Dès qu'on a quelques renseignements sur sa vigilance, son langage et sa mémoire, on lève le tissu qui dévoile le miroir et on lui demande de décrire ce qu'elle voit. Dans les cas les plus démonstratifs, elle reconnaît l'observateur, elle reconnaît et nomme ses enfants dans le miroir. Mais face à l'image de soi, il y a presque toujours un choc que la patiente cherche à éviter. En orientant l'attention sur son visage, elle finit par dire : « C'est ma mère dans le miroir », ou bien : « Taisez-vous, une étrangère nous regarde ! »

Lorsqu'on fait des études longitudinales, on constate une destruction progressive de l'image de soi. L'image des autres est correctement perçue et nommée, alors que l'image de soi, déjà, n'est plus reconnue. Le sentiment de familiarité persiste clairement et même le nom de soi reste intact.

A cette nuance près que les femmes atteintes d'atrophie d'Alzheimer continuent à se nommer par leur nom de jeune fille, alors que leur nom de femme mariée ne leur dit plus rien.

C'est-à-dire qu'un des tout premiers signes de cette destruction neuronale, c'est la perte de reconnaissance de son visage dans le miroir. Les objets (c'est ma robe), les visages des autres (c'est nous), le sentiment de familiarité (c'est ma mère), et surtout la dénomination de soi au moment où se construisait notre personne, restent stables.

L'image constituerait dans le cerveau droit la fonction sémantique que la parole stabilise dans le cerveau gauche. La clinique nous offre une analyse possible de cette fonction sémantique attribuée à des perceptions visuelles à droite et à des perceptions sonores à gauche. Le cerveau gauche est le lieu des drames neurologiques (embolies, ramollissements), alors que le cerveau droit est plutôt soumis à l'usure neurologique (perte de la spatialisation, du sens des mathématiques et de la mémoire immédiate).

Comment conclure ?

Ce que nous apprennent les goélands qui paradent dans les îles d'Or, les singes qui jubilent face au miroir, les bébés qui crient leur angoisse, les mères qui par leurs gestes communiquent l'émotion associée à leurs fantasmes, les personnes âgées qui se nomment et ne s'imaginent plus, c'est que la parole ne tombe pas du ciel.

Elle s'enracine dans le corps, lors de la maturation neurologique, lors des interactions sensorielles où l'environnement constitue une véritable organicité péri-bébé, où la culture en prescrivant des rôles sociaux différents participe à cette organicité, où l'histoire de la mère s'exprime par la messagerie sensorielle de son corps.

Finalement, quand arrive le moment de parler, beaucoup d'informations déjà ont été communiquées.

BIBLIOGRAPHIE

(1) VERCORS, *les Animaux dénaturés*, Albin Michel, 1952.
(2) COULON (J.), *les Voies du langage*, Dunod, 1982.
(3) TINBERGEN (N.), *l'Univers du goéland argenté*, Elsevier, 1975.
(4) GUYOMARC'H (J.-C.), *Abrégé d'éthologie*, Masson, 1980.
(5) LAUNAY (G.), *Dynamique de population du goéland leucophée sur les côtes méditerranéennes françaises*, Parc national, Port-Cros, 1983.
(6) LECANUET (J.-P.), GRANIER-DEFERRE (C.), BUSNEL (M.C.), « Familiarisation prénatale aux signaux de la parole », in *Connaître et le dire,* Mardaga, 1987.
(7) LAHLOU (S.) et CHALLAMEL (M.-J.), « Le sourire spontané du nouveau-né, une approche éthologique ! », *Bull. SPPO*, n° 110, juillet-septembre 1987.
(8) ALESSANDRI (J.), *Différenciation sexuelle : préhension maternelle au cours de la première toilette*, thèse de médecine, Marseille, 1986.
(9) MILLOT (J.-L.) et FILIATRE (J.-C.), « Les comportements tactiles de la mère à l'égard du nouveau-né », *Bulletin d'écologie et d'éthologie humaines,* vol. 5, n° 1/2, novembre 1986.
(10) ROGÉ (B.), Colloque éthologie et psychoses, Fondation John-Bost, mars 1987.
(11) MOUNOUD (P.) et VINTER (A.), *la Reconnaissance de son image chez l'enfant et l'animal*, Delachaux et Niestlé, 1981.
(12) ATKINS (R.), « Développement de la représentation du père : influences directes et influences indirectes — de la naissance à l'adolescence », XIe Congrès international, ESF, Paris, juillet 1986.

DISCUSSION
(Modérateur : Claude BENSCH)

Claude BENSCH. — En tant qu'enseignant d'éthologie, je n'ai jamais vu l'ensemble des concepts d'éthologie animale et humaine présentés avec autant de brio et de succès que cela ne l'a été il y a quelques minutes. Lorsque je fais de l'éthologie, j'ai toujours un peu l'impression de m'occuper de bandes dessinées. C'est un agrément de cette étude du comportement et, à travers notre approche obligée structurellement, on peut relever une foule de situation extrêmement intéressantes qui amusent ; mais je voudrais éviter que nous ne nous perdions dans les détails de savoir si la mère, quand elle parle, sent ou ne sent pas si l'enfant a ceci ou cela ; si le chien lève la patte ou ne la lève pas ; si le goéland crie en provoquant des déjections ou non ; si vous avez passé un bon été sur la côte ! Donc, je ne voudrais pas que les questions soient consacrées à conter la vibration *in utero* chez la mère par rapport au mouton, ou autres problèmes qui font les joies de nos colloques d'éthologie mais qui, eux, durent une semaine. J'aimerais plutôt, à travers l'éthologie, essayer de retrouver les racines de notre questionnement sur le langage. C'est l'objet du colloque. Car enfin, jusqu'à présent, je n'ai pas compris s'il y avait vraiment une liaison étroite entre langage et communication. Je n'ai pas compris la finalité de la communication.

Je ne sais toujours pas ce qui est premier : est-ce le signal ? Mais alors, je demanderai à Max DE CECCATTY comment une cellule peut avoir une intentionnalité, ou est-ce que l'affaire ne prend de sens que lorsque les récepteurs sont organisés ? Je ne sais toujours pas si, sur le plan linguistique, ce qu'on appelle l'organisation du langage avec tous ces détails que je ne connais pas (je ne suis pas linguiste) est le reflet d'une organisation neurobiologique particulière. Autrement dit, et pour employer un terme tout à fait à la mode, je me demande si le langage est incontournable. Je ne sais pas si cette acquisition du langage est un acte totalement actif, ou si, comme tous les autres comportements, il répond au schéma habituel avec un substratum génétique. Mais où serait-il ? Au niveau du programme moteur ? Ou bien : est-ce uniquement un problème de conditionnement ? Ou les deux ? Et comme tous les autres comportements jouent sur le problème de la maturation comportementale, je pense qu'on trouve des structures communes dans tous les groupes humains, mais je ne sais pas si l'expression langagière et certaines vocalisations animales n'ont pas, tout compte fait, la même fonction et les mêmes racines. Est-ce que le problème s'est compliqué du fait de notre organisation cérébrale et arrive ainsi à cette particularité que l'on appelle le langage chez l'homme, et que, secondairement, la pratique a façonné la maturation et l'évolution du système nerveux ? Si cela est vrai, je ne sais pas si l'espèce d'inflation du langage dans laquelle nous nous trouvons du fait du développement de nos organes externes (c'est-à-dire de notre technologie qui fait en sorte que ce qui se faisait en interaction entre un, deux ou quelques individus se fait maintenant à l'échelle de millions d'individus) ne va pas privilégier une autre évolution au niveau des structures, même sous forme de langage, et dans quel sens. Voilà les questions que je me pose. Je sais qu'en regardant les goélands, on peut commencer à entrer dans les longs cheminements qui mènent à des réponses. Je sais aussi que d'autres que moi se posent ces questions.

Question : Je voudrais savoir si la présence réelle du père est importante, ou si c'est son existence seule qui l'est.

Boris CYRULNIK. — Je pense à la naissance du père : la mère met au monde le père six mois après l'enfant. Ce qui permet de dire cela, c'est que la communication intra-utérine entre la mère et l'enfant commence vers la vingt-septième semaine et qu'à ce niveau-là, il nous semble que le père n'entre en communication avec l'enfant que de manière médiatisée par les interactions sensorielles de la mère, c'est-à-dire qu'il est traduit sensoriellement par la mère. On dit « le père », en fait c'est l'homme d'attachement dont il s'agit, on ne sait pas si c'est le père. Alors en deux mots : le père biologique, c'est le planteur d'enfant ; c'est-à-dire que ses activités apportent, comme bénéfice adaptatif, une innovation sexuelle. Quand on parle de reproduction sexuelle, c'est un contresens : dès l'instant où il y a rencontre sexuelle, il y a invention, à chaque fusion des gamètes, d'un être vivant, différent à chaque fois. Donc, ce n'est pas une reproduction. La reproduction, ce serait la scissiparité, la parthénogenèse, alors que le père empêche la reproduction des femmes, la reproduction des mêmes ; donc, la fonction biologique du père ou de l'autre sexe, c'est l'innovation sexuelle. C'est cela l'innovation biologique du mâle : le père n'existe que s'il est nommé et existe seulement, dans la représentation, vers le sixième mois quand le cerveau de l'enfant le rend capable de différencier le visage familier de la mère d'un autre visage, c'est-à-dire quand son organisation neurologique permet de fonctionner et d'établir des connexions entre le lobe occipital et le lobe temporal. A ce moment-là, il peut percevoir la différence entre deux visages, et si sa mère veut bien présenter cet homme d'attachement comme étant le père, elle va alors baptiser le père et ce sera le jour de sa naissance.

Question : Il devient biologique ?

Boris CYRULNIK. — Il devient biologique dans la mesure où, ensuite, il établira les interactions d'attachement. Mais au départ, il est biologique à un niveau gamétique.

Claude BENSCH. — Ce problème est très difficile à aborder pour un éthologue, surtout sur un plan sociobiologique, parce que la société, pour se reproduire et élever ses enfants, a besoin du couple. En plus des phénomènes biologiques, la société va amplifier tous les comportements qui favorisent le couple et le maintien du couple. Et quand on fait des recherches, il est très difficile de faire le partage entre ce qui paraît biologiquement imposé, nécessaire à l'état actuel de nos sociétés, et ce qui, actuellement, paraît biologiquement et fondamentalement obligatoire pour le fondement biologique du couple. Et ce qui nous oblige à croire l'évolution sociale du couple nous pousse à considérer que ce qui est bien, c'est le couple.

Question : La mère porteuse est-elle biologique ?

Claude BENSCH. — Il y a plusieurs réponses à cela. Je peux en faire une, Boris peut en faire une autre sûrement, mais enfin, je connais quelques cas où le fait d'avoir porté un enfant pendant neuf mois a permis durant les trois derniers mois de délivrer de la prolactine d'une façon suffisamment correcte pour qu'un certain attachement soit né et que la mère ait refusé de se séparer de l'enfant. Alors, est-ce que cet attachement dans la grossesse, dans la gestation habituelle, est le fondement de la maternité et du comportement maternel ? Je n'ai aucune raison ni aucune preuve expérimentale pour le dire. Un certain nombre de gens pensent qu'effectivement ce mouvement qui a lieu au niveau hormonal constitue une profonde racine de ce comportement.

Boris CYRULNIK. — Le problème des mères porteuses (c'est une situation expérimentale qui nous est proposée par la rencontre de la technique et de la nature) est analogue au problème de la prématurité. C'est-à-dire que ces fins de grossesse qu'impose la prématurité réalisent une séparation artificielle par la mise en couveuse de l'enfant. On constate alors pratiquement toujours des troubles de l'architecture du sommeil, de la sécrétion des hormones, des neuro-hormones, et de l'ajustement tonico-postural entre la mère et l'enfant lors des premiers contacts. Dans le fait de passer d'une mère dite porteuse à une mère « adopteuse », on peut penser qu'il y aura des troubles de l'interaction et des troubles de la biologie de l'enfant pendant quelque temps. Mais quand on suit les études ontogénétiques longitudinales, on constate que l'attachement, la plasticité de la personne, du cerveau et de l'aventure entre cette mère et cet enfant, et peut-être le père aussi, que la plasticité est telle que, au bout de quelques mois, il n'y a plus de différence entre la population des petits prématurés et la population des enfants nés à terme. Et ce qui a permis de gommer cette différence, c'est l'établissement de l'attachement le plus naïf qui soit : jouer, sourire, agacer le bébé, etc. ; et ce qui a permis de rétablir ces interactions sensorielles, le socle biologique de l'attachement, c'est l'observation de KLAUS et KENNELL, qui a été si vivement critiquée par le milieu éthologique. En fait, sur un plan méthodologique, cette observation est sûrement critiquable ; sur le plan théorique, c'est sûrement très critiquable aussi ; mais sur le plan clinique, le syndrome de l'ancien prématuré a disparu depuis que KLAUSS et KENNELL ont introduit la possibilité de rétablir le lien d'attachement le plus naïf et le plus efficace qui soit.

Marie-Josée BATAILLE. — Je voudrais demander à M. CYRULNIK ce qu'il en est pour lui de ce qu'on appelle le langage intérieur, celui qui se fait entendre dans les rêves et dans la rêverie, dans la rumination obsessionnelle et en particulier dans l'hallucination.

On pourrait se demander d'ailleurs si cette sorte de langage ne serait pas un dialogue intériorisé entre un moi parallèle avec un *m* minuscule et le Moi avec un *M* majuscule. Je demanderai plus précisément à M. CYRULNIK si, avec le regard éthologique, il a pu repérer l'apparition de ce langage intérieur.

Boris CYRULNIK. — La psychanalyse des goélands n'est pas encore assez avancée, pas plus que celle des primates infrahumains et, donc, je serai assez bref sur le langage intérieur. Je pense quand même que l'approche éthologique nous donne accès à un marqueur périphérique et que l'on ne sait pas à quoi il réfère dans le langage intérieur. Mais, pour ce qui est des hallucinations, on sait par exemple que les gens qui sont devenus aveugles vers dix, douze ou quinze ans ne peuvent faire en hallucination que ce qu'ils ont vécu comme expérience visuelle réelle dans leur enfance. On ne peut halluciner n'importe quoi, et pour halluciner, il faut quand même avoir eu un cerveau et des expériences réelles. Pour ce qui est du langage intérieur, il est sûr qu'on n'a pas accès à la représentation telle qu'on peut se la raconter ou l'élaborer dans une situation de type psychanalytique par exemple, ou de type roman, roman familial ou écriture d'un roman. A ce moment-là, il s'agit de la reproduction, de l'invention de son passé. C'est plus difficile à observer, mais je ne pense pas que l'éthologie ait des prétentions totalitaires ; donc, ce qu'on observe, c'est un mode d'approche, un mode d'entrée et un mode d'analyse. Ce qui n'empêche que cette formation éthologique nous permet des informations parfois surprenantes. Par exemple : l'aphasie existe depuis très longtemps, c'est une situation clinique inévitable. Elle est actuellement en cours d'augmentation à cause de l'accroissement de la longévité, de l'augmentation des sténoses de la carotide, et il y a de plus en plus d'aphasies transitoires, de gens qui, pendant une heure, six heures, vingt-quatre heures, ne peuvent plus parler. Quand on demande à ces gens : « Comment avez-vous fait pendant ces vingt-quatre heures pour avoir un langage intérieur, pour vous représenter votre histoire ou votre monde, puisque vous n'aviez plus de parole à votre disposition ? », ils sont toujours très étonnés par notre question et continuent à dire : « Mais je continuais à penser, je continuais à avoir un langage intérieur. » — « Mais vous n'aviez plus de mots pour parler ? » — « Non, mais j'avais des images. » Et le roman qu'ils se font serait comme l'histoire d'un film sans paroles qui ne les empêche ni de penser, ni de se représenter leur histoire, ni d'avoir un langage intérieur.

Claude BENSCH. — Cette question est au cœur du problème. Ou bien le langage est une technique, ou bien il n'est que l'expression, dans la motricité verbale, d'un mécanisme général de gestion de l'information au niveau central. J'ai toujours été très étonné du fait que la limite inférieure des possibilités de mémorisation dans le jeune âge coïncide justement avec les préliminaires de l'acquisition du langage. Et l'on peut se demander si, dans le fond, il n'y a pas de mémorisation à un certain moment, parce qu'il n'y a pas eu de traitement de l'information permettant de mettre l'information quelque part où, d'une certaine façon, elle est récupérable par un autre programme, plus tard, lorsqu'il est mature.

Jacques COSNIER. — Cette question, comme tu viens de le dire, peut paraître fondamentale parce qu'elle touche au problème d'explication du langage. Mais cela n'est pas encore un langage et reste un système de communication non conventionnel. Dans la conception classique que j'ai rappelée dans mon intervention, il faut qu'il y ait une situation et une structure ternaire. En effet, pour qu'il y ait sémantique, il faut qu'il y ait relation de signification, c'est-à-dire entre le signifiant et le signifié : c'est la base de la sémiologie générale. Et cela suppose qu'il y ait un référent. Il est important de se rendre compte que cette situation ternaire persiste. On peut la discuter, mais enfin, c'est une référence pour qu'il y ait un système de communication qui s'appelle « langage », qui utilise justement des signifiants reliés non seulement aux référents, mais aussi à la représentation mentale, par un système conventionnel. Cela permet donc au signifiant de prendre la place d'un référent ou en tout cas de le représenter. Mais on s'aperçoit, grâce à ce système-là aussi, que le signifiant est une représentation conventionnelle d'une représentation mentale. C'est tout à fait important de le souligner, parce que cela suppose d'abord que l'animal soit capable de faire une représentation mentale de l'objet absent, et cela est, en fait, une des bases du langage. Dans les conditions nécessaires pour que le langage apparaisse, il faut un développement tel qu'il puisse y avoir une conscience sémiotique qui se mette en place et établisse une représentation de l'objet absent. C'est-à-dire la possibilité de reconnaître des images, de reconnaître des personnes dans des entités globales et de se reconnaître soi-même puisque les deux vont aller ensemble. Alors, la première question est de savoir si les animaux ont des représentations des objets absents. Certains éléments montrent en fait que les mammifères ont ce type de représentation. On se souvient chez les chimpanzés de l'expérience d'apprentissage par « insight ». Ce n'est pas étonnant. Les primates qui nous sont proches ont la possibilité d'utiliser des représentations mentales pour lesquelles nous ne savons pas grand-chose, puisqu'ils ne peuvent rien nous en dire, mais néanmoins on voit par les marqueurs, selon l'expression de Boris, qu'il se passe quelque chose dans leur description mentale, ce qui leur permet de traiter l'information, d'en faire quelque chose et manifestement aussi d'utiliser non pas les images, mais les représentations qu'ils ont des objets absents. Seulement, il ne suffit pas d'avoir des représentations pour être capable de donner des représentations de ces représentations mentales, et c'est là que le langage apparaît. Effectivement, on a essayé d'apprendre aux grands singes les systèmes conventionnels de représentation de l'objet absent en utilisant le langage gestuel des sourds. Est-ce que, oui ou non, les pongidés qui utilisent le langage gestuel ont un langage ou un apprentissage secondaire ? Je ne prendrai pas parti sur ce sujet, la discussion reste ouverte.

Claude BENSCH. — Ils n'ont jamais communiqué entre eux, c'est là le problème !

Jacques COSNIER. — C'est plus compliqué, mais c'est dans cette voie qu'il faut continuer l'expérience qui permettrait de dire s'il peut y avoir en effet de grands primates ayant la possibilité d'acquérir un système de conventions pour représenter la représentation.

Claude BENSCH. — Entre eux ? Pas à ma connaissance.

Jacques COSNIER. — Bien sûr, entre eux, mais on a également remarqué, chez ces singes, la possibilité d'utiliser ces signes en l'absence d'interlocuteur, c'est-à-dire pour communiquer avec eux-mêmes. Donc, il semble y avoir une activité mentale et une espèce de réceptivité où ils se plaisent. C'est très important, car en fait le monologue vient après le dialogue. Il faut qu'il y ait d'abord construction de l'autre pour qu'il y ait représentation et pour pouvoir parler à soi-même comme à un autre. Il semble que chez le chimpanzé on observe des phénomènes de cet ordre.

Alain GALLO. — Je voudrais revenir sur le rapport au référent, c'est-à-dire le rapport entre le signe et le référent. Bien que non linguiste de formation, il n'est pas possible d'aborder le problème du langage chez l'animal sans cette référence aux études des linguistes. Il est impossible de parler du langage animal sans savoir ce qui a été fait dans ce domaine en ce qui concerne l'homme. Alors, il faudrait distinguer un certain nombre de notions. Je voudrais insister sur le point du référent, parce qu'il ne suffit pas de dire que l'on aurait montré, nous, éthologues ou éthologistes, que certains grands singes sont capables de faire référence à un objet absent, pour décider s'ils ont une capacité réelle de représentation. Ce qui me paraît être le critère nécessaire pour parler de représentation par rapport à un référent absent, c'est d'essayer de montrer que l'animal est capable d'indiquer très précisément un objet absent et non pas seulement l'absence de quelque chose qui lui manque sur le moment. Je vais vous décrire une expérience qui a été faite sur le chimpanzé (car il est vrai que le chimpanzé a l'air de tenir une place à part chez les animaux) en ce qui concerne l'utilisation de certaines capacités, semble-t-il, de représentation. La situation est celle-ci : l'expérimentateur montre à un chimpanzé d'un groupe de six animaux une cassette dans laquelle il place un objet particulier. Ce peut être soit un serpent artificiel, soit de la nourriture, ou encore un jouet. Les autres singes sont à part, à l'extérieur de l'enclos où se trouve ce leader. Puis, le leader est placé avec ses congénères et l'on observe son comportement. Il va vers la cassette et attire ses congénères vers celle-ci. Mais en fait, je veux insister sur ce point, on considère que, quand les autres singes arrivent à la cassette, et avant de voir ce qu'elle contient, ils savent déjà la nature de l'objet, ils s'attendent à quelque chose. En fait, les observateurs ont relevé que la démarche, la locomotion du leader, est différente selon l'objet caché. On a là quelque chose qui passe par un intermédiaire et qui me paraît être proche de ce que l'on peut ramener à la relation entre signe et référent. Sur ce point, je ferai une remarque d'ordre méthodologique ou épistémologique : nous observons des comportements (Boris CYRULNIK a parlé de marqueurs), cela veut dire qu'il y a quelque chose de caché et que nous essayons d'inférer à partir de l'observation comportementale. Sur ce point, l'accord n'est pas fait. Si le langage animal était quelque chose d'évident, si c'était un comportement observable, évidemment l'accord serait vite obtenu. Mais souvent, nous ne sommes pas d'accord sur l'interprétation qu'il y a à donner des expériences que nous faisons. Le fait lui-même que nous observons est tout à fait tributaire de notre façon de l'interpréter, que nous soyons scientifiques ou non. Et tout particulièrement en ce qui concerne les travaux sur le langage des grands singes, que ce soit les travaux de PREMACK, de COLLINS, de GARDNER, etc. Jacques COSNIER l'a signalé : l'accord n'est pas fait entre les éthologistes pour décider si ces singes étaient capables d'acquérir le langage.

Claude BENSCH. — On avait quand même dit, il me semble, que dans le cas de l'expérience que tu as citée, les congénères se référaient aussi à l'attitude des expérimentateurs qui paraissait indiquer qu'il y avait quelque chose quelque part. Mais c'étaient de mauvaises langues et c'est un problème délicat.

Jacques PATY. — J'enchaîne sur l'intervention de COSNIER et de GALLO, parce que je crois qu'à côté de l'approche éthologique, d'autres spécialistes se posent le problème de la communication animale exactement dans les mêmes termes : ce sont les psychologues. Ils se posent la question suivante : comment l'enfant entre-t-il progressivement dans le système du langage ? Je suis d'accord avec M. GALLO pour dire qu'il aurait été extrêmement précieux pour la discussion de distinguer interaction, communication et communication cognitive. Je prends simplement deux exemples : dans la conférence qu'on vient d'écouter, trois termes ont été introduits — niveau syntaxique, niveau sémantique, niveau pragmatique. Je crois qu'en se référant à la linguistique, il faut faire attention à la métaphorisation, parce qu'à ce moment-là, on va trouver la langue là où, peut-être, elle n'est pas. Disons que s'il existe une pragmatique du geste, et c'est certain, il aurait fallu insister sur celle-ci comme syntaxe de l'action. Mais est-ce qu'il s'agit de la syntaxe dont parlent les linguistes ? C'est justement la question qui se pose en ce qui concerne la période du développement mental de l'enfant. Comment l'enfant qui acquiert ces savoir-faire pragmatiques, donc au niveau de l'action, va-t-il, dans une période ultérieure, encoder cette unification à un niveau linguistique ? C'est tout le problème de l'acquisition du langage. D'un côté, nous avons une communication, et progressivement acquisition d'un savoir-faire... C'est-à-dire qu'on part de l'interaction pour aboutir à la communication, et, ultérieurement, au langage. On aurait intérêt à bien distinguer les niveaux, et à dire à quel niveau le concept peut s'établir.

Nicolas ZAVIALOFF. — Je voudrais faire une petite remarque en ce qui concerne cette notion de monologue et de dialogue... de l'un par rapport à l'autre. Chez le tout jeune enfant, on a repéré qu'un certain nombre de modulations vocales correspondaient à un échange avec l'environnement, et que d'autres modulations vocales correspondaient à un échange avec les niveaux d'homéostasie. Donc, les deux phénomènes sembleraient à peu près simultanés. Autre chose : ces questions qu'on se pose sur le processus même d'acquisition du langage — j'ai l'impression que lorsqu'on parle de représentation mentale ou d'image intérieure, on a affaire à une sorte de catégorisation difficile à situer pour un linguiste. Quand l'enfant appelle sa maman, savoir si c'est de l'ordre du verbal, c'est-à-dire une sorte d'actualisation distinguée, affinée, de cette catégorisation, ou si c'est toujours une certaine catégorisation qui est véhiculée par la prosodie.

Michel SUFFRAN. — Je me garderai d'intervenir d'une façon catégorique dans un domaine où je suis le luron ou le candide, mais j'ai l'impression d'introduire un élément, peut-être futile, dans une conversation dont beaucoup m'échappe par sa spécialisation. J'ai été invité ici non pas en tant qu'écrivain, le mot est excessif en ce qui me concerne, je ne suis qu'un amateur en ce domaine, mais en tant qu'écrivant. Et je voudrais poser cette question, parce qu'après tout, je n'ai pas de réponse à apporter. Monsieur BENSCH me disait malicieusement : « Est-ce que l'écriture est une technique ou une expression ? » Je crois qu'effectivement c'est une technique. J'entends par là l'écriture, le langage, ou la projection de l'écriture, la projection graphique de l'écriture, projection en forme de signes. Cette fourmi noire qui dévore les pages est effectivement le point d'émergence de quelque chose, mais de quelque chose qui est extrêmement enfoui, extrêmement caché. Il y a une phrase, je crois qu'elle est de VALÉRY, qui dit que le monde entier était fait pour aboutir à un beau livre. Je me demande s'il n'existe pas une forme de prélangage, constituée non pas seulement par le vivant, mais par le tangible, et si le sensible n'est pas en lui-même une écriture indéchiffrée, peut-être des hiéroglyphes ou une écriture cunéiforme. En regardant ce tableau étonnant, abstrait *(il désigne la décoration de la salle)*, je me demandais si ce n'était pas justement une écriture sumérienne, s'il n'y avait pas quelque chose à en déchiffrer. Je suis bibliophile et il m'arrive d'avoir des livres anciens, des post-incunables, des livres du XVIe siècle, qui m'offrent un langage que je ne peux pas déchiffrer. Mais ils me parlent tout de même à travers l'organisation du mot sur la page. Il y a donc à l'intérieur même de la matière sensible une espèce de questionnement : l'homme peut être vivant, peut s'adapter au monde d'une part, et peut lui donner un sens d'autre part, parce que nous ne pouvons pas vivre sans donner un sens au monde, sans être obligés de le traduire à notre manière plus ou moins intellectualisée, plus ou moins différenciée. Les mots sont d'une certaine manière réducteurs, sauf lorsque de grands écrivains, je pense à des gens comme COLETTE ou GIONO, en font éclater l'écorce pour les faire scintiller de nouveau. Les mots renferment l'émotion primordiale à l'intérieur d'une coque préétablie, et justement, est-ce que dans cette fonction baptismale du langage, il n'y a pas ce que Joë BOUSQUET appelait la traduction du silence ? Nous sommes donc moins des gens qui expriment, bien qu'orgueilleusement et vaniteusement nous ayons le sentiment d'exprimer notre propre pensée, que des gens qui traduisent quelque chose. Cette chose-là, ce sont les stigmates et, finalement, la maladie chez certains êtres. Les stigmates, chez les mystiques, sont aussi une sorte d'expression d'une réalité cachée. En réalité, l'essence de l'écriture et de l'expression, c'est l'indicible, et nous vivons sur un immense socle d'indicible : mais indicible ne signifie pas insignifiant. Il y a un écrivain que l'on commence à traduire, un écrivain américain gigantesque qui s'appelle Thomas MOORE, et dans un de ses livres qui s'appelle

Au bord du fleuve, il répète une phrase comme un leitmotiv : « Chercher la pierre, la feuille et la force. » Et c'est cela, nous cherchons la pierre, la feuille et la force. Je crois que ce langage-là, ce langage humble, est fondamental, car il nous rend l'innocence du monde. Il nous infuse et nous transfuse l'innocence du monde.

Enfin, il y a aussi aujourd'hui un drame dans lequel nous commençons à plonger : c'est le langage politique ou langage médiatique ; une sorte de langage de séparation, un langage qui devient en soi un enfermement, une sorte de déchaînement dialectique tout à fait démoniaque dans lequel nous nous trouvons totalement plongés. Un langage qui est une sphère enchantée, une sorte de montagne magique dont on ne sort pas. Un langage prison, un langage emprisonnement. Je crois que le langage, qui est d'une certaine façon une mise en mots (il ne faut pas s'attendre à une mise en forme si vous voulez), ne devrait pas être une mise en demeure, ni une sorte de mise en péril : moins une réponse qu'une question finalement. Et dans la mesure où le langage c'est cela, où il est le questionnement, où il est l'intrusion de l'informel à l'intérieur de notre organisation, dans la mesure où il nous met en déséquilibre vis-à-vis de nous-mêmes, il est un facteur de progression. Dans la mesure où il nous apporte des réponses, peut-être pacifiantes mais anesthésiantes, il est un facteur de régression. Et je crois que nous vivons actuellement (rappelez-vous tous ces lundis les analyses talmudiques des petites phrases pour petits hommes politiques au cours des week-ends) quelque chose de tout à fait exaspérant. Le langage, qui est une aventure, devient maintenant une espèce d'enfermement à l'intérieur d'un système clos. Et cela, c'est très dramatique. Finalement, c'est peut-être dans la poésie que nous pressentons cette fonction du langage à son état brut, à son état latent. La poésie n'étant pas uniquement signifiante, mais étant l'utilisation du mot pour sa forme, sa sonorité, sa couleur, sa résonance magique. Entre le monde, de toute façon inexprimable, et l'exprimé, la poésie établit ce lien scintillant et fugitif qui fait que justement le langage a fonction magique, et que la fonction primordiale de la communication entre nous est le fait que nous existions en tant qu'individu *(applaudissements).*

Claude BENSCH. — Je vous remercie d'avoir porté le débat à ce niveau. Mais vous vous êtes présenté tout à l'heure en naïf, en candide, et j'ai noté une introduction tout à fait redoutable. Depuis le début de ce colloque, personne n'avait osé encore le dire ; vous avez dit : « le sensible doit être travaillé », vous parliez du langage et vous avez dit ensuite : « il doit être mis à sa disposition ». Est-ce que par hasard vous n'étiez pas en train de dire que le langage était de la technique neurobiologique de traitement de l'information, pour la mettre en forme et pour permettre la communication ? Je ne vous demande pas de répondre. Vous m'avez dit : « je suis candide », on ne met pas le candide au supplice, mais je note que vous avez magnifiquement profité de votre place de candide pour poser *la* question que j'attendais.

Jacques PATY. — Je voulais faire état d'un malaise, et Michel SUFFRAN nous a rappelé que le langage est aussi une explosion. Parce que si malaise il y a à faire état, j'en suis à me demander si chez les orateurs, depuis hier soir, il n'y a pas une prudence : on parle du langage ou de la communication en termes de référence, on n'en parle jamais en termes créatifs ou heuristiques.

Alain GALLO. — Je voudrais revenir sur deux expériences qui pourraient constituer un élément de réflexion. La première rapporte quelque chose d'assez étonnant : GARDNER avait fait une piqûre à une femelle chimpanzé qui, le lendemain, mise en contact avec un soigneur, lui a mimé les gestes de ce qui avait été fait la veille. C'est déjà autre chose que la simple émission du vécu sur le moment que de dire ce qui s'est passé la veille. Peut-être pouvons-nous dire qu'elle avait une mémoire suffisante pour éprouver encore ce qu'elle avait éprouvé la veille. Nous ne sommes pas dupes du fait que le langage ce n'est pas seulement la désignation. Mais ce qu'il y a de plus pertinent, dans le sens de ce que vous signalez, ce sont les travaux sur le mensonge chez les animaux. Et, là encore, il y a une interprétation. Nous sommes tenus en éthologie par la loi de MORGAN qui dit qu'on doit toujours essayer d'expliquer un comportement par des fonctions et par les fonctions les plus simples. Cependant, dans le cas des chimpanzés, on a pu mettre en évidence que certains animaux étaient capables de mentir à leurs congénères ou à l'expérimentateur en ce qui concernait la localisation des appâts ou des friandises qui étaient cachés. Ils se mettaient à mentir quand les congénères étaient agressifs ou quand l'expérimentateur jouait le rôle de quelqu'un d'hostile. C'est un petit élément de réponse. Je ne crois pas qu'en éthologie on ignore le langage. J'ai seulement dit qu'on avait pris référence sur la linguistique, et il serait tout à fait aberrant de considérer en effet que seule la fonction référentielle épuise le langage.

Boris CYRULNIK. — Pour répondre à PATY, je pense effectivement que nous ne sommes pas obligés de réduire le langage en fonction des référents. Et, au contraire, on pourrait peut-être même attribuer aux paroles une fonction d'amplification sensorielle. La preuve, c'est que l'on peut pleurer en évoquant un souvenir ou bien en rire. Et c'est à partir de ces paroles que l'on peut retrouver une représentation, c'est-à-dire que cela fait appel à la mémoire, à tout ce qu'il y a de biologique et d'historique dans la mémoire. Cela fait aussi appel à l'anticipation, c'est-à-dire à la présentation, à la re-présentation d'une image ou d'un discours, d'un langage intérieur. Cela fait donc également fonction d'amplification sensorielle de la parole. Et puis, il y a aussi l'inverse : fonction réductrice de la parole, dont les linguistes ne nous parlent peut-être pas beaucoup. Quand on dit une chose, on ne peut dire qu'une chose en même temps, du moins au niveau de l'énoncé. Quand on fait un énoncé, les paroles ont un énorme pouvoir réducteur, et lorsqu'on nomme quelque chose, surtout sous l'influence de LACAN, on a toujours parlé de la fonction fondatrice de la parole et de la fonction créative de ce monde nouveau créé par la parole. Or, on a été victime d'un phénomène réducteur.

Michel LAMY. — Entre la communication cellulaire et le langage articulé, je trouve qu'on a oublié le langage chimique. C'est un langage extrêmement important, un système de communication (je ne sais pas s'il faut dire « langage » ou « communication »). Et quand on regarde toute la ligne évolutive, est-ce qu'il reste quelque chose de ce langage chimique ? Parce que j'ai l'impression que ce langage chimique est le langage de base. On a parlé de l'ARN-messager, c'était le départ, pour arriver à tout un système de langages et à ce langage articulé qui nous intéresse ici. Mais tout de même, est-ce qu'il reste une part de chimique, c'est-à-dire quelque chose d'ancestral, dans tout problème de relation, dans la relation de la mère et du bébé, ou du bébé et de la mère ? Est-ce qu'il n'y a pas encore des phéromones, puisque les substances chimiques qui servent aux communications chez l'être vivant et qui sont les phéromones sont des éléments extrêmement importants ? Ils vont même parfois structurer les sociétés : chez les invertébrés, les insectes, qui me sont chers, ces phéromones sont des éléments extrêmement structurants de la société. On aurait pu développer tous les systèmes de communication chimique d'organisation sociale, de langage gestuel, la fameuse danse des abeilles de VON FRITCH... Mon souci est donc de savoir ce qu'il reste de cette partie chimique ancestrale du système de communication. Chez les mammifères et chez l'homme, reste-t-il ou non des phéromones ?

Anne-Marie HOUDEBINE. — Une remarque pour la salle : on parle ici tellement anglais dans le français ! Je rappelle que la langue française possède le terme de *langue* et que si l'on utilisait parfois le terme *langue* au lieu de *langage*, on ferait moins de confusion entre *langage* et *communication*. Il est clair qu'il y a communication animale chez les abeilles, peut-être même *code*, disons *fermé*, comme le code des sémaphores, rouge-orange-vert, alors que pour la langue, il y a *code ouvert*. On peut déjà, avec ce critère, différencier communication et langage, utilisé parfois au sens de langue, et puis aussi parfois au sens de communication. Pour ma part, j'essaierai de parler français.

Maintenant, une petite remarque sur la langue de Washoe, la guenon de David PREMACK. Elle utilise un langage appris, parfois avec une caractéristique que nous, linguistes, donnons à la langue : on considère que l'enfant sort de sa mimétique, c'est-à-dire de la répétition des paroles des parents, quand à son tour il produit des éléments d'ordre syntaxique. Donc, par exemple, l'enfant de trois ans qui dit *j'irai*, parle moins bien que l'enfant de cinq ans qui dit *j'allerai*. Pourquoi ? Parce que l'enfant de cinq ans qui propose *j'allerai* est en train de construire la règle d'utilisation des éléments de la langue française du futur : moi *(je)*, temps *(-rai)*, d'où : *aller* utilisé avec *je* et *rai*, d'où *j'allerai*. Et là, un intervenant social lui dira : « Ecoute, c'est bien, mais ce serait mieux si tu disais *irai* parce qu'en français c'est ainsi. » Si on lui dit : « Ecoute, tu parles mal », on produit une représentation sur la langue faisant appel à l'imaginaire, à l'institutionnel, à la représentation sociale.

Alors, l'exemple de Washoe, énoncé syntaxique non encore entendu : elle commence à créer des phrases, à utiliser des règles, elle a donc une certaine technique syntaxique. Dans ce cas-là, elle utilise la créativité de la structure. Le stade supérieur de la communication serait qu'un chimpanzé repère un autre chimpanzé ayant appris la même convention et qu'ils s'en servent. Le goéland marseillais n'a pas le même code que le goéland anglais. On a effectivement dit les mêmes choses de l'est et de l'ouest des USA, des Navajos et des Qawasqar. Les Navajos sont très silencieux, les Qawasqar parlent très vite, pourtant les deux ont un langage gestuel et, quelle que soit la différence des langues, nous sommes d'accord pour dire qu'ils possèdent une langue. C'est vrai que la communication, y compris la communication linguistique, ce n'est pas la fusion, ce n'est pas la communion, donc c'est un exil en quelque sorte. Et pourtant, en tant que « meurtre du monde », le mot donne aussi pouvoir, pas seulement positif mais imaginatif, et même une construction d'identité. Le rapprochement de langues différentes va nous faire passer sur d'autres mondes parlés, un peu comme quand Philippe BRENOT parlait des mondes à venir infiniment possibles. Une remarque : il est des langues où la sexuation est obligatoire, on parle en mâle ou en femelle, comme ici on sexue les prénoms (cf. Marie ou Bernard). L'enfant, quand il parlera, devra obligatoirement dire *je* (mâle) ou *je* (femelle). Il aura toute une série de mots pour le mâle, toute une série de mots pour la femelle. Par exemple, on cite le cas chez les Indiens « Gros-Ventre » où les petits enfants un peu trop anglicisés, enfin américanisés, se mettent à ne plus très bien savoir parler leur sexe dans leur langue, ce qui fait qu'on se moque d'eux. Cela nous fait rêver parce que *je* en français est signe d'une identité de *sujet parlant* ni mâle, ni femelle. Ce que dit RIMBAUD est-il possible : « Je est un(e) autre » ? Or, est-ce possible en cocama ? Est-ce que ce genre de sexuation imposée par la langue intervient sur l'identification sexuelle du sujet ?

Claude BENSCH. — Je vous remercie de cette intervention qui fait très justement le pont avec ce qui va se passer demain. Nous nous trouvons en aval du problème du langage pour aborder celui de la langue, où nous sommes au niveau des empreintes et des apprentissages, avec les retombées sur la maturation des individus. Je ne veux pas vous laisser dans l'angoisse : oui, les crapauds communiquent ! En ce qui concerne la communication chimique, justement les crapauds s'en servent, alors, cela tombe bien. Boris CYRULNIK aurait pu nous développer la communication phéromonale, mais malheureusement, je suis obligé de suspendre cette séance. Un certain nombre d'entre vous étaient arrivés avec des idées orthodoxes ; d'autres, avec le sens commun que le langage est quelque chose. On vous dit maintenant que le langage naît d'une génétique, d'une organisation, d'une maturation, d'une empreinte, d'une éducation... Vous finissez par vous trouver devant l'aspect mosaïque du langage. Avons-nous touché du doigt une vérité ou nous sommes-nous tout à fait fourvoyés ? A chacun de voir.

LA DIVERSITÉ LANGAGIÈRE DES ÊTRES HUMAINS
Anne-Marie HOUDEBINE-GRAVAUD
Professeure à l'université d'Angers

Tout d'abord, merci aux organisateurs et à vous toutes et tous. Tout cela se passe si agréablement et cette salle est si belle. Cependant, l'inquiétude me vient de devoir prendre la parole après toutes ces belles prestations : je n'ai pas, comme les précédents intervenants, de beaux coïts de goélands ou de merveilleuses abstractions cellulaires à vous montrer. Je dois seulement — seulement ! — vous parler d'un *objet*, celui-là même avec lequel je vous parle, cet objet, ce processus, cette « chose » si extraordinaire, si simple — nous la « possédons » paraît-il, à moins que ce ne soit elle qui nous tienne sinon nous possède — si simple et si difficile à cerner : la *langue*, dont on a fait un objet scientifique : *la langue* (SAUSSURE) et une science, la *linguistique*, ou plus précisément dit la *linguistique générale* quand elle s'occupe *des* langues.

Cet objet a la réputation d'être très commun : tous les peuples humains parlent une langue, voire plusieurs comme dans les pays bilingues ou plurilingues ; ce qui est fort fréquent quoiqu'on puisse en penser vu de Bordeaux ou de Paris, disons de France, où la centralisation étatique a établi l'unité nationale sur fond de langue unique (d'où croyance en l'unicité et l'unité linguistiques françaises malgré les autres parlers : langues ou dialectes ou encore variétés du français).

Cet exemple est déjà le signe de la complexité de l'*objet* en question ; il peut servir à identifier un peuple, une nation :

les Français sont ceux qui parlent français ; les Anglais parlent anglais ; les Japonais, japonais ; les Qawasqar, qawasqar (langue de la Terre de Feu). Et les Suisses ? suisse ? Et les Belges... belge ? Vous savez justement que ce n'est pas si simple ; les Suisses parlent romanche, allemand, voire italien ; et les problèmes linguistiques de la Belgique entre les Flamands et les Wallons, parlant flamand ou wallon (le *ou* est alors voulu ou senti par certains comme exclusif), sont si complexes qu'ils mènent à de vrais conflits et feront peut-être de la Belgique un État fédéral.

Ces quelques jalons, simplement, pour mettre en scène l'objet dont je vais vous parler et indiquer tout à la fois sa complexité et sa simplicité : étant donné les liens que chacun(e) de nous entretient avec lui, avec elle, *la langue*.

Je vais donc tenter de vous faire participer à la recherche des linguistes de ce siècle, de témoigner de leur travail, celui d'une partie d'entre eux, disons ceux qu'on appelle linguistes généralistes, qui se définissent comme voulant décrire *des* langues en adoptant une position scientifique, « objective, descriptive, non normative ». Je délaisserai dorénavant l'adjectif « généralistes » pour alléger le propos, mais gardez-le en mémoire : une théorie linguistique s'évalue à sa capacité de décrire une langue, non encore décrite, « en elle-même et pour elle-même » (SAUSSURE), et non par référence à une autre. En adoptant cette attitude scientifique : se donner pour objectif de décrire et d'analyser les langues « en tant que telles », ces linguistes sont amenés à les concevoir comme des *structures, systèmes, codes, institutions, langues* — le terme est alors devenu concept — toutes équivalentes ; ce qui signifie qu'ils ne cherchent plus à hiérarchiser les langues, qu'ils ne se préoccupent plus de leur « beauté » ou « pureté », de leur caractère « primitif » ou « évolué », ou de leur « corruption », et encore moins de la supériorité ou de la « plus grande clarté » de l'une par rapport aux autres.

Leurs modes de fonctionnement, leurs unités, leurs structurations du réel (leurs vocabulaires, leurs grammaires, leurs systèmes phoniques) seront mis au jour, dans et pour chaque langue ; tout ce qui les différencie sera révélé comme ce qui spécifie telle ou telle langue ; les traits communs universels renvoyant au *langage* ; autrement dit, moins à *une langue* qu'au phénomène humain, dit généralement *langage*.

Hors l'universalité théorique descriptive postulée, celle de la structure, c'est le *relativisme linguistique* que met au jour le mouvement qu'on a désigné du nom de structuralisme, en linguistique y comprise. Certain(e)s l'ont senti : je naviguerai dans ses eaux, car il me semble qu'il fut d'un grand apport en sciences du langage ; plus précisément dit, nous suivrons les traces de ce qu'on qualifie un peu anachroniquement de « saussurien » en renvoyant l'« origine » de ce champ scientifique, de ses modalités structurales au concept de *langue*, conçue comme système de signes à analyser de façon interne, dû à Ferdinand de SAUSSURE, que je « revisiterai », comme l'on dit en français calqué sur l'anglais ; ce, en usant de différents travaux contemporains (ethnolinguistique, sociolinguistique, sémiologie...) pour parler de la langue à travers la prise en compte des langues, c'est-à-dire de la *diversité linguistique*.

Mais le titre indiquait *diversité langagière* ; je n'utiliserai donc pas seulement des exemples empruntés à la linguistique, mais également à l'anthropologie culturelle, à la sémiologie : un regard analogue à celui qui est porté sur les langues pouvant l'être sur nos autres modes d'expression et de communication, soit les « non-verbaux » (images, postures, attitudes, vêtements, gestes, etc.). Ces éléments relèvent aussi de codages qui s'imposent aux êtres humains ; comme les paroles, les discours, ils transportent des messages, des indices. A la seule vue d'une personne, sa posture, son allure, ses habits vous livrent des indices que vous relevez, ou non, en fonction de codes ou codages acquis informant votre perception.

Un exemple très simple me permettra de vous faire entendre cela. Je trace une série de lettres : *S A L E*, et vous lisez /sal/, *sale*, soit le mot *sale* et le sens « pas propre ». Et comment avez-vous pu faire cela ? Je ne parle pas du fait de civilisation d'avoir accès à la lecture, ce qui est déjà une question d'importance, mais du fait d'avoir identifié la forme *sale*. Cela aurait pu être *sale* (de *for sale*) avec le sens de « vendre ». Si donc, c'est la forme française que vous avez actualisée, c'est que vous avez placé cette forme dans un système, une structure, sans même y songer ; celle du français et non de l'anglais.

Autre exemple : *rouge* ne signifie « interdit » que dans la structure où il s'oppose à d'autres termes, *vert* par exemple, signifiant « autorisation » ; mais dans un autre code ou codage (ou structure), *rouge* pourra prendre un tout autre sens (cf. le système des drapeaux nationaux).

Le premier exemple était linguistique, le deuxième peut être dit sémiologique ; le troisième sera gestuel et tout aussi signifiant : nous hochons la tête de bas en haut et de haut en bas, verticalement, en signe d'approbation ; mais d'autres cultures, la grecque, la bulgare, etc., imposent d'autres gestes pour donner un message équivalent. Nos façons de nous tenir debout, de balayer l'espace en parlant sont autant d'éléments indiquant notre appartenance, géographique (nationale), culturelle, sexuelle, professionnelle... comme le font notre langue, notre prononciation, etc. Indices ou signes des structurations qui se sont imposées à nous depuis l'enfance ; codages dans lesquels nous nous sommes façonnés, inconsciemment le plus souvent, depuis l'enfance, transformant l'être humain, le bébé humain en la personne X ou Y (française, bordelaise, commerçante ou autre, etc.) que nous paraissons être (et que peut-être nous sommes).

En donnant ces exemples, j'ai utilisé des termes courants : *langue, parole, discours, signe* ; et d'autres un peu plus sophistiqués : *structuration, système, structure, code, indice*. Ils participent de notre outillage, de notre *métalangage* ; ils sont nos concepts, nos outils et n'ont plus le même espace de sens que dans nos usages quotidiens. Comme toute science, la linguistique a besoin d'outils, de définitions. Elle utilise très souvent les mots communs, les mots de nos langues pour parler de la langue, pour la décrire, ce qui n'est pas obligatoirement simple ; aussi a-t-elle recours à des termes spécifiques ; ce qu'on lui reproche parfois, bien plus souvent qu'aux sciences dites exactes. Je m'efforcerai d'user le moins possible de ces mots-là, mais j'en aurai cependant quelque usage. Dans de tels cas, je les gloserai pour les faire passer. J'aimerais cependant vous demander d'attacher vos ceintures, le voyage ne sera pas toujours aisé : rendre compte des mises au jour de la diversité linguistique et langagière, au cours de ce siècle, peut se révéler complexe, non seulement à cause de l'objet langue, mais aussi à cause de vous, mais oui, de vous ! Vous n'êtes peut-être pas tous (toutes) des linguistes professionnel(le)s, mais vous êtes tous (toutes) des sujets parlants et, à ce titre, vous avez un savoir sur la langue dans laquelle vous êtes entré(e), qui s'est imposée à vous pour vous construire comme sujet parlant, « parlêtre » (LACAN) ; savoir qui peut participer aussi de l'illusion, d'idées imaginaires sur la langue, qui pourraient faire obstacle, résistance à mon propos. Vous verrez bien. J'y reviendrai.

La fonction représentative (ou symbolique) des langues — Le relativisme linguistique — Arbitraire et convention

Quelques fables tout d'abord pour vous manifester la structuration de la réalité, la *Weltanschauung* qu'impose le français : ce que cette langue nous oblige à entendre, à dire, sa façon de nous re-présenter le monde en quelque sorte.

FABLES

— Un enfant et son père sont gravement blessés dans un accident de voiture. Le père meurt. L'enfant est transporté à l'hôpital pour subir une intervention chirurgicale, quand le chirurgien, chargé de l'opération, déclare : « Je ne peux l'opérer, c'est mon fils. » Que se passe-t-il ? Le chirurgien dit : « mon fils », cet enfant aurait-il deux pères ? Vous commencez à gamberger : il y a une adoption dans l'air, un géniteur, un père adoptif ?... Un père porteur ? Ou bien... ?

Le temps mis à comprendre cette historiette nous indique ce que fait le français, ce qu'il nous oblige à envisager, sa « représentation du monde » *(Weltanschauung)*, articulée à la structuration sociale, sociohistorique.

L'affaire est simple : le chirurgien est tout simplement, comme peut le dire aussi le français, *une chirurgienne*, la mère.

— Un journaliste annonce aux informations télévisées : « Le capitaine Dominique Prieur... » Sur l'écran, l'incrustation du visage du capitaine D.P. suscite ce commentaire d'un enfant : « Maman, regarde cet homme, il a l'air d'une femme ! »

Conflits des signes linguistiques et iconiques. L'image a fait contraste avec le dire ; dans la parole du français, l'enfant a entendu *le, capitaine,* et a eu par deux fois la signifiance *masculin* ; avec *capitaine*, outre le grade militaire, la valeur « animé-mâle » (humain-homme) a précisé le sens masculin ;

le prénom *Dominique*, comme le nom *Prieur*, n'ont pas permis de changer cette information. Le français ne sexue pas ses noms propres comme d'autres langues, les Slaves par exemple (cf. « Daltchev, Daltcheva » en bulgare), ou comme dans certains dialectes. Et le prénom *Dominique* est ambivalent ; seule la situation : la présence de la personne — et parfois, pas toujours — ou le contexte (la coréférence, c'est-à-dire la référence pronominale dans le même énoncé du genre, *Dominique, il* ou *Dominique, elle*...) pourraient lever l'ambiguïté. Donc cette personne, homme dans la langue (mais attention, homme au sens d'humain-mâle, j'y reviendrai), était femme sur l'image.

— Autre scène, autre fable, empruntée cette fois à la littérature. Décor : le XIXe siècle, en Italie. Un jeune officier français, amoureux fou d'une cantatrice, tente de lui déclarer son amour. Malgré les évitements de la belle, il y parvient enfin et l'oblige à entendre sa déclaration. Or, voilà qu'il est fait à celle-ci un étrange retour, la cantatrice répond : « Et si je n'étais pas une femme ? » Le narrateur, en l'occurrence BALZAC, si vous avez reconnu *la Sarrazine*, ajoute : « ... dit-elle, d'une voix douce et craintive. » Roland BARTHES dans *S/Z* a donné une excellente analyse de ce « leurre » qu'impose alors le discours, le style de BALZAC, c'est-à-dire son jeu dans et avec la langue française.

Le contexte linguistique, dans le roman, nous apprend qu'il s'agit d'une femme, dite au féminin *elle, la cantatrice...* et présentée comme telle par sa beauté, ses parures : comme ici le pronom *elle*, et la douceur de la voix et même sa crainte, toute féminine si l'on en croit les stéréotypes !

Or, elle met en doute sa féminité ; « être femme », « je », « ne pas » *(et si je n'étais pas une femme ?).* Doute *(si)* et suspens (?) n'empêchent pas le récit de se poursuivre et l'auteur recouvre l'interrogation étonnante : l'usage du pronom *elle* induit « féminin, femme » dans le contexte de *dire* ; il en va de même des connotations « douceur » et « crainte » dans la voix. Les co-notations sont des sortes de halos de sens faisant lien entre les représentations (signifiés, sens) linguistiques et les représentations sociales et idéologiques que la langue transporte dans les discours et dépose en nous.

« D'une voix douce et craintive », stéréotypes ; les temps changent, mais les discours, les mots laissent perdurer d'anciennes représentations et nous les inculquent encore, alors même que nos idéologies les remettent en cause, que nos mentalités changent.

Rappelez-vous, le XVIIe siècle voulait exclure les femmes de la science et de la philosophie, domaines que certaines voulaient s'approprier. Les « personnes du sexe », comme l'on disait et comme l'on a dit longtemps — encore au début du XXe siècle —, n'avaient pas la tête faite pour cela : ces sciences les rendaient folles ! Le XXe siècle voit sur ce plan bien des transgressions. Ici même aujourd'hui, puisque je vous parle en tant que « savante », ou scientifique, car depuis MOLIÈRE, *savante* a quelque relent que *savant* ne comporte pas. Vous le voyez, les connotations résistent. Mais l'on peut dire aussi linguiste, *une linguiste* par exemple, comme *une journaliste* ; et l'on voit que la langue a plus d'une possibilité dans son filet ! Si elle enserre de ses façons de dire, de son réseau de nominations, nos expériences (d'où l'image du filet emprunté à un linguiste danois, HJELMSLEV), de nouvelles idées peuvent s'y représenter. C'est là la fonction de la structuration linguistique ; structuration certes, mais non close, infinie, favorisant de nouvelles formes et, partant, de nouvelles significations pour peu qu'on accepte de ne pas rigidifier la langue (cf. questions de créativité linguistique). Même des formes anciennes peuvent conserver des sens anciens tout en permettant d'y inclure des sens nouveaux. Etrange logique que celle de la langue !

Voyez. Nous disons aujourd'hui encore que *le soleil se couche* ou qu'*il se lève* ; nos paroles transmettent alors une vision précopernicienne du monde, celle de nos ancêtres qui n'est plus la nôtre. Cependant, ces images favorisent une interprétation anthropomorphique du soleil qui peut alimenter bien des rêves. Papa soleil, *le* soleil, symbole paternel en français. Mais en allemand, il est parlé au féminin, *die Sonne*, alors... nous y reviendrons.

Notez donc que là se situe le paradoxe. Par ailleurs, la langue nous présente le monde selon ses structurations et influence de ce fait nos représentations, nos mentalités ; mais elle ne les fige que si on la considère elle-même comme figée, ayant déjà dit parfaitement ce qu'il y avait à dire. Considérée alors comme parfaite, elle n'aurait plus qu'à rester fixe ; elle n'aurait donc plus de capacités à dire le nouveau : langue morte, toujours mal possédée par ses sujets. Vous avez reconnu là d'autres stéréotypes, ayant pour objet cette fois la langue.

J'insiste un peu, car en France cette attitude, puriste, conformiste eu égard à notre parler, est très fréquente, qui conduit souvent à déprécier les potentialités créatrices de notre langue et à culpabiliser les sujets ne la maîtrisant pas. Notre société apprécie, dit-on, les créateurs, les novateurs, mais en matière d'innovation linguistique, elle est bien frileuse. Alors même que notre idiome produit les termes dont il a besoin, tout se passe comme si certains ne voulaient pas savoir ses possibilités. A blâmer les innovations internes (propres au système de notre langue), ils favorisent ce qu'ils craignent le plus : l'emprunt à d'autres langues en fonction des nécessités sociales, pratiques, idéologiques. Je le redis car il semble qu'un académicien rigide — ils ne le sont peut-être pas tous — sommeille en nombre d'entre nous. N'avez-vous pas hésité devant une forme nouvelle venue à vos lèvres (un néologisme) ? Comment l'accueillez-vous dans les paroles d'autrui ? Et comment recevez-vous une transgression syntaxique, une « faute » (faute ? péché ?) d'orthographe ?

Une autre histoire pour confirmer tout cela, qui n'a, hélas ! rien d'une fable. De 1984 à 1986, une commission mise en place par Yvette ROUDY, ministre des Droits de la femme, avait pour objectif de féminiser les noms de métiers, autrement dit de produire des termes au féminin afin de permettre aux femmes d'êtres nommées, désignées, représentées dans leurs nouvelles fonctions sociales. L'Académie française n'a pas apprécié. Elle ouvrit la voie à de piteux billets, souvent féroces et montrant, malgré qu'ils en aient, une grande ignorance en matière de langue. Cette commission fut violemment accusée : d'une part, de n'être composée que de femmes, ce qui n'était pas le cas, mais même s'il en avait été ainsi, aurait-ce été une tare ? Considère-t-on comme non compétente une commission uniquement composée d'humains mâles ? D'autre part, il lui fut reproché de vouloir « détruire » notre langue, alors qu'il s'agissait simplement de retrouver les règles, autrefois en usage ou actuellement usitées à l'oral, de production de termes au féminin. Rien de plus. Rien de moins il est vrai. A croire que le racisme sexuel s'en mêlait puisque l'Académie française, elle-même, n'avait pas hésité quelques mois auparavant à créer, sur la demande du Premier ministre de l'époque (M. MAUROY), un terme pour les hommes exerçant le métier de *sage-femme*, soit le mot, merveilleusement français vous l'allez voir, de... *maïeuticien*.

Pour continuer le propos précédent sur le codage linguistique de la différence sexuelle en français, et ce qu'il implique d'interactions entre la société, la langue et les mentalités, rappelez-vous : on parlait de « suffrage universel pour tous ». Pour *tous* ? Il fallut attendre longtemps, un siècle, pour qu'il fût pour tous et toutes.

Gars/garce ; fils/fille ; professionnel/professionnelle ; couples de mots, noms ou adjectifs (pouvant devenir noms, cf. *une professionnelle*) apparemment différenciés par l'opposition formelle, morphologique, masculin/féminin, recouvrant l'opposition de sens, axiologique, mâle/femelle, pour les animés humains. Or, seul le terme au féminin reçoit un halo de connotations péjoratives, à tel point que le sens premier parfois se perd : *une garce* n'a plus le seul sens de « féminin de gars ». Il peut en aller de même de *fille* (cf. *c'est une fille*, très souvent entendu, comme « de mauvaise vie »), etc.

Les langues jettent donc le filet de leur structuration sur le monde qu'elles nous présentent. Notre « vision du monde » dépend d'elles. Les différentes langues du monde — environ 4 500 recensées — en donnent régulièrement un témoignage aux linguistes. Qu'il s'agisse de leur organisation des sons, des mots (leur grammaire) ou du contenu même de leurs « représentations » du temps, de l'espace, de la personne, des choses, etc., autrement dit des « organisations (des éléments) de nos expériences » (MARTINET).

D'où la non-équivalence des langues terme à terme et les difficultés de la traduction. *Traduttore traditore.* Une « expérience humaine », une « pratique sociale », spécifique à une civilisation, une culture, et décrite dans une langue, sera difficilement rendue dans une autre ; cela d'autant plus que leurs développements historiques seront éloignés, divergents. D'où les innombrables termes pour parler de la neige chez les Inuit (Esquimaux) en face de l'unique terme du français ; encore que les praticiens du ski formeront des composés ou des images (métaphores) pour parler des diverses « neiges » auxquelles ils auront à se confronter. La créativité linguistique fleurira et, devant les nécessités pratiques, nul ne s'en offusquera.

Il convient cependant de se souvenir de ces différences qui régissent les contacts linguistiques et culturels ; elles en font tant les difficultés que les richesses.

ORESME, traducteur d'ARISTOTE au XVIe siècle, avait remarqué que *homo* (latin) ne correspondait pas à *homme* (français). En latin, deux termes recouvrent l'espace de signification du terme unique du français : *vir/homo* — homme. *Homo* est donc en latin un terme générique équivalent à *Mensch* (en allemand ; cf. *Mann/Mensch*) ou à *être humain* (en français), bien que dans cette langue on tende souvent à utiliser *homme* comme générique en ne se souciant pas de prendre garde au message latent véhiculé avec le message manifesté (cf. « les droits de l'homme » entendus comme « droits de la personne », comme il est dit au Québec. A rapprocher de l'exemple donné plus haut : « suffrage universel pour tous »).

Pourtant, à partir du moment où *homme* s'oppose à *femme* comme *vir* à *mulier*, il ne peut être dit en français comme en latin qu'un *homme est une femme*, soit *homo est mulier* ; ORESME l'a noté : « *Homo* est *mulier* mais homme ne peut être femme équipareillement. »

Cela s'entend nettement dans les énoncés français, dans leur probabilité ou leur improbabilité ; cette dernière témoignant de la structuration qu'impose la langue ; ou encore dans les connotations laudatives ou péjoratives qu'ils véhiculent ; conférer probable et compris : *cette femme est un homme* (avec ambiguïté de sens : homme = homme *[vir]* ou homme = « être humain » *[homo]*), ou encore : *cette femme, quel homme !* où la connotation laudative privilégie (fait privilégier dans nos types de société) le sens « homme-mâle » *(vir)*. En revanche, l'énoncé : *cet homme, quelle femme !* serait plutôt ressenti comme péjoratif ; *femme* vaudrait alors pour *femmelette* ; les temps changeant, *féminin* pourrait être connoté positivement ; cependant la phrase : *un homme est une femme*, reste peu probable, ce qui indique que l'espace des valeurs (des sens ou éléments d'expérience) recouvert par *homme* n'équivaut pas en français à *homo* latin, mais à *homo et vir*, si l'on continue à penser latin en français.

Au moment de la Révolution française, certaines personnes ont relevé l'ambiguïté inhérente au terme *homme* et contesté la « Déclaration des droits de l'homme » sur ce plan, linguistique et sexiste, comme on peut dire aujourd'hui. *Certaines personnes* ai-je dit, pour faire entendre qu'il s'agissait d'hommes et de femmes. L'auriez-vous senti autant si j'avais dit *certains hommes* ? La référence majeure que je comptais faire était celle à Olympe DE GOUGES critiquant le terme « droits de l'homme », proposant, pour faire repérer sa critique politique et idéologique, sa contestation linguistique et politique, une « Déclaration des droits de la femme ».

En passant, une remarque plus sémiologique en quelque sorte. Le dernier article de cette déclaration réclamait le droit au port de la robe pour les hommes et celui du pantalon pour les femmes. Ce qui fit taxer Olympe DE GOUGES de folle, dit-on ; injure connue ! Pourtant, vous le savez, bien des civilisations ont habillé leurs humains mâles de robes et leurs humains femelles de pantalons. Contingence des civilisations, des cultures, des codages, ici vestimentaires et non plus linguistiques, de la différence sexuelle.

Ces exemples indiquent le relativisme des conventions ou des codes qui nous entourent et concourent à structurer nos façons d'être et d'agir, leur *arbitraire* — ils auraient pu être autres — et leur *nécessité*, une fois qu'ils sont acquis. Nécessité au sens où une convention ou une coutume, une habitude, même articulatoire, linguistique, langagière ou comportementale, qui s'est imposée à nous, nous paraît souvent la seule possible, la seule pensable. Voyez nos comportements spontanés devant un étranger à notre langue : nous parlons un peu plus fort ; nous insistons sur les éléments informatifs (les *mots pleins*, porteurs de signification, comme disaient les grammairiens chinois) : « Droite, à droite ! La porte, porte ! », etc.

Nous avions déjà abordé cette question avec *SALE*, désignant « non propre » dans le code français, mais tout autre chose dans un autre système. Ce qui indique en outre l'*arbitraire*, ou l'*immotivation* de la relation mot-chose ; ce que SAUSSURE définit comme l'arbitraire du signe que manifeste la différence des langues ; les mêmes « choses » n'y sont pas dénommées : le réel reflété, représenté n'y est donc pas le « même ». Pour le décrire, on ne pourra donc se contenter de chercher les « choses » de ce réel et de regarder comment elles sont désignées par telle langue puis par telle autre et encore telle autre, selon la conception des langues comme stricte liste ou répertoire ou nomenclature des choses de ce monde.

Mettre au jour le relativisme linguistique, c'est-à-dire étudier chaque langue « en elle-même et pour elle-même » afin de dégager son mode propre de fonctionnement qui la différencie de toute autre, implique le refus de cette conception et impose d'autres méthodes d'analyse. C'est là ce qui caractérise la conception structuraliste. Chaque langue est considérée comme une structure « tout autonome de dépendances internes » quel que soit son rapport au réel (au monde), au social, au sujet, à l'histoire. Cette mise entre parenthèses appelée *principe d'immanence* soutient la conception de la langue comme structure ou système de signes et permet, paradoxalement, d'étudier chaque idiome de façon spécifique, *interne*, en considérant ses unités non dans leur fonction de désignation des choses de ce monde, mais dans leurs rapports différentiels au sein de l'ensemble des structurations linguistiques (niveaux phoniques, syntaxiques, lexicaux, etc.). C'est ainsi que la fonction symbolique des langues, le « filet » différent qu'elles jettent sur le monde, leur fonction de représentation ou d'organisation des expériences humaines ont été — ce me semble — mieux dégagées, plus finement observées et décrites. Les unités s'y définissent selon leurs réseaux de relation *paradigmatiques* et *syntagmatiques* (de combinaison avec d'autres et de sélection, ou d'opposition ; je vais y revenir).

Rapidement dit, grâce à cette méthode, on s'aperçoit que les sujets parlants sont souvent linguistes : ils ne s'encombrent la conscience que d'éléments linguistiques ; j'entends alors par *éléments* ceux-là seuls qui ont une valeur ou une fonction dans la langue. SAPIR, un ethnolinguiste américain du début de ce siècle, a mis en évidence cela au *plan phonologique*, celui des sons ayant une fonction distinctive, c'est-à-dire permettant la reconnaissance des unités significatives, disons pour vous des mots de la langue. Mais cela vaut essentiellement pour les langues orales, les 4 000 langues orales répertoriées ; 4 000 ou 4 500 d'ailleurs, on ne sait pas exactement ; il s'en découvre encore et il en meurt encore de nos jours, chaque jour, sans bruit ; avec le dernier Indien qawasqar ou tehuelce non métissé. Et nul, ou presque, ne s'en soucie, alors qu'une partie de la vision humaine du monde meurt à jamais avec la disparition de cette langue.

Trêve de mélancolie linguistique ! Revenons à quelque chose d'un peu plus ardu, vous m'en excuserez : la méthode d'analyse. Mais rappellez-vous : les langues sont toutes d'abord « orales », des « langues orales », acquises à l'oral. Le savoir linguistique qui s'appuie essentiellement sur l'oral, la pratique de l'oral, est souvent plus assuré sur le plan linguistique — sinon sur celui de la légitimation sociale des discours — que celui qui s'appuie sur l'écrit, dans les langues à tradition écrite. Cela peut paraître étonnant, mais je vous le montrerai ; et tout de suite, très simplement : pensez au nombre de voyelles que vous prononcez. Des voyelles *orales*.

Ne répondez pas trop vite, et surtout pas selon les savoirs acquis A-E-I-O-U, voire Y. Pratiquons ensemble la méthode structurale. Utilisons ces fameux axes paradigmatiques et syntagmatiques pour découvrir notre langue, car nous travaillerons sur le français ici ; ensuite, je vous ferai découvrir d'autres structurations.

Considérons que toute émission de voix non entravée mais colorée, du fait d'ouvrir plus ou moins la bouche, de déplacer la langue dans la cavité buccale, sera appelée voyelle : *o e*. Faites cela en vous pendant que je l'énonce ; *o e a i é* ou *è* ([o], [ø], [a], [i], [e], [u], [ɛ]). Vous reconnaissez des sons français. Même en les prononçant silencieusement, vous sentez en vous l'arrondissement ou l'étirement de vos lèvres, les déplacements de votre langue. Nous ne sommes pas au bout de notre repérage et déjà, pourtant, vous entendez que j'ai prononcé sept voyelles. Encore faut-il prouver qu'elles appartiennent à notre langue. Il ne suffit pas de le dire. La science aime les preuves. Jouons donc sur l'axe syntagmatique, celui des combinaisons, des compatibilités, des éléments linguistiques. Prenons une consonne et formons un mot du français. Je vous propose *f* par exemple. En combinant *f* avec *o*, on obtient *fo*, phonétiquement [fo], et vous reconnaissez le mot *faux*.

Jouons maintenant sur l'autre axe de la structure. Echangeons ce *o* ou ce *f* (si l'on s'intéresse aux composants consonantiques) en constituant des unités du français, disons pour le moment des mots monosyllabiques du type de *faux* /fø/ ; soit /fa/, /fe/ *(fée)*, /fu/ *(fou)*, /fy/ *(fût)*, /fø/ *(feu)*, /fi/ comme dans *défi, fi donc* et parfois même *ma fi(lle)*. Nous venons de pratiquer l'opération dite de *commutation* qui nous permet le dégagement des unités linguistiques, à quelque niveau que nous opérions et quelle que soit la langue sur laquelle nous travaillons, fût-elle non encore décrite.

Par exemple, en continuant cette opération, on s'aperçoit que certains Français distinguent *fait* et *fée* /fè/ et *fé* /fɛ/ et /fe/, d'autres *pomme* et *paume, mort* et *maure, botté* et *beauté*, soit *ó* et *ò*, dits *o* fermé et *o* ouvert /o/ — /ɔ/, quand d'autres ne le font pas. Voilà qui permet de repérer les variétés du français. D'aucuns pensent alors que *au* implique *o* fermé. C'est une erreur, venue de la langue écrite. Qu'ils écoutent leur prononciation de *Paul*, ils y entendrons le *o* ouvert.

Et l'on pourrait continuer *œuf* n'est pas *feu* ; voilà donc deux *e* audibles et faisant unités distinctives pour ceux qui les différencient dans *jeune* et *jeûne*. Et puis *fond, fin, faon* /fõ/ - /fɛ̃/ - /fɑ̃/ vous indiquent que le système des voyelles n'était pas totalement décrit. Ce sont encore des voyelles du français, comme /a/ et /ɑ/ pour ceux qui distinguent *rat* de *ras, patte* de *pâte*, ce qui n'est ni bordelais, ni parisien actuellement, et peut faire indices d'âge ou de snobisme (cf. *Marie-Chantal* avec ce /ɑ/).

Combien d'unités vocaliques possède le français ? Un peu plus que les cinq habituellement citées comme nous venons de le voir, de l'entendre, de le retrouver, puisque ce savoir vous l'aviez, savoir pratique du fait de parler cette langue. Les diversités indiquées, *é* et *è, ó* et *ò*, a et *a*, etc. (je pourrais vous parler également du *un* /œ̃/ méridional — on l'appelle ainsi parce que tous les sujets parlant français ne l'utilisent pas, alors que la grande majorité des Méridionaux le possède), vous font comprendre ma réticence à donner un nombre unique de voyelles pour le français ou les sujets parlant français. *Cela dépend de leur langue*, de leur système linguistique propre, à décrire en tant que tel. Certes, il s'est construit à partir du français ; encore qu'il serait plus exact de dire *des* français entendus ; il est donc probable qu'un certain nombre de systèmes linguistiques individuels (nous disons idiolectes) d'une même langue seront largement équivalents. Ils seront à la fois communs et spécifiques. Communs, ainsi le sujet se socialise dans une langue qu'il acquiert des autres, qu'il partage avec les autres avec lesquels, de ce fait, il croit communiquer. Spécifiques, car au-delà ou en deçà de cette homogénéisation due à notre condition humaine d'être social, subsiste un hétérogène radical, celui qui individualise chacun, chacune, cela jusque dans, et par, sa langue.

N'allez pas croire que cette méthode structurale ne sert qu'à découvrir les constituants phoniques des langues. Elle opère à tout niveau, significatif, lexical, syntaxique, axiologique (celui du sens) dans la langue. Une *jument* est un « cheval-femelle » [1] : si je commute « femelle » avec « mâle » dans le champ axiologique (ou la désignation) « cheval », je découvre le mot *étalon* ; en revanche, la commutation de « cheval » ou « équidé » avec « bovidé », soit « bovidé-mâle », me fait repérer le mot *taureau*. *Vache* pourra être analysé comme « bovidé-femelle ». *Bœuf* et *cheval* seront dits non marqués quant à la valeur « sexe », ou la fonction de reproduction, indiquée dans la langue pour ces animaux — et non pour tous les animés-animaux — par la valeur « sexe ». Ce qui nous rappelle le latin : *vir* et *mulier* possédaient cette valeur mais non *homo*. Cependant, du fait de s'inscrire dans ce triangle, *homo* est senti comme non marqué, générique, tout comme *bœuf* et *cheval* dans mes exemples ; ce que je ne pourrais pas dire du *coq* qui ne s'oppose linguistiquement parlant qu'à la *poule* ; introduire le *poulet* ou la *poulette* serait, comme avec le *poulain* ou le *veau*, prendre en considération une nouvelle valeur, celle de l'« âge » (« adulte »-« non adulte »). Voilà pourquoi, trop brièvement démontré, *homo* n'est pas équivalent à *homme*, même si toute traduction du latin en français tend à nous le faire croire, et pourquoi toute traduction est toujours un équivalent, un analogue, mais non une idéité.

Le grand mérite de la commutation est de permettre de découvrir les unités d'une langue, dans cette langue, sans recours à d'autres langues. Elle permet de segmenter le con-

---

(1) Les guillemets indiquent que l'on se place au plan du sens, du signifié ; l'italique, qu'il s'agit du plan du lexique, du signe.

tinuum phonique (oral) produit et de dégager les mots, les groupes de mots (unités signes, unités significatives, lexèmes, morphèmes, unités de première articulation : tous ces termes peuvent être ici considérés comme équivalents) et les sons (unités distinctives, phonèmes, unités de deuxième articulation, voire traits pertinents : un seul trait phonique, cf. [i] - [y] *(i - u, lit-lu)*, non-arrondissement-arrondissement des lèvres, trait caractérisant le français parmi d'autres langues romanes, tel l'italien par exemple).

Elle peut également être utilisée dans d'autres domaines et elle l'est dès qu'on établit une relation d'échange, d'opposition, de substitution dans des contextes ou environnements strictement identiques ou quasi identiques : la sélection des entrées dans un menu constitue un choix paradigmatique si l'on est orthodoxe eu égard au système d'organisation du repas, dont la combinaison syntagmatique n'est pas article-nom-verbe, mais entrées, appelées aussi hors-d'œuvre, puis plat principal (ou viandes/légumes — je parle d'un repas banal) accompagné de dessert ; mais voilà que nos menus se réduisent souvent à une grammaire à trois places, et fromage et dessert entrent en opposition ou commutation (*ou* ici est au sens de *ou bien*). La langue vous l'indique en utilisant non plus *et* mais *ou* (au sens de l'exclusion), fromage *ou* dessert, l'un *ou* l'autre, et pas l'un *et* l'autre. Voilà un moyen simple de définir la méthode linguistique structurale : une structure se définit comme un inventaire d'unités organisées par des liens de type *et* (syntagmatiques, de combinaison, compatibilité, incompatibilité) et de type *ou* (paradigmatiques, en opposition). Parce que *rouge* s'oppose à *vert*, il s'interprète « non vert », c'est-à-dire « interdit » dans le système des sémaphores routiers, et « vert », « non rouge », « non interdit », plutôt qu'« espérance » ou « probabilité d'échec », comme dans d'autres systèmes sémiotiques (ou d'autres systèmes signifiants, d'autres significations, d'autres valeurs).

Je pourrais donner d'autres exemples sémiologiques : jupe *ou* pantalon, corsage *ou* pull-over, pantalon *et* pull-over ; ou encore corsage à moins que ce ne soit chemisier (ou chemise) et cardigan (ou gilet) ; avec l'ambiguïté inhérente au *ou* français. Madame *ou* Mademoiselle ? Il est des civilisations où la différence est d'importance. Monsieur ou Monsieur ? Impossible !

Publicités dont les couleurs, en particulier celles du fond, sont à dominante noire, s'opposant à celles à dominante marron ou à couleurs claires, naturalistes. Les combinaisons d'éléments — vous en voyez passer devant vos yeux ; je n'en citerai pas — confirmeront les valeurs ; le « raffinement » s'illustre de fond noir, rouge ; la « tradition », l'« authenticité », d'un brun profond — les meubles ou les éclairages diffus y contribuent — la « rapidité », l'« efficacité », de bleu, de jaune, de rouge, etc. Sémiologies diverses non verbales, repérables par les mêmes procédures d'analyse, avec quelques aménagements ou distorsions nécessaires quand on s'attaque, au-delà de la communication dénotée, au message latent, insu (cf. connotations ou indexations).

Résumons : les unités s'analysent (se découvrent et se définissent) dans et par leurs relations comme des unités différentielles, moins positivement que négativement : *elles sont ce que les autres ne sont pas*, dans le système les contenant.

Ainsi *rouge* peut signifier tout autre chose qu'interdit ; la voile blanche convenir au bateau, sans dire l'espoir en s'opposant à la voile noire comme dans la légende de Tristan et Yseult. Le vêtement, ou la combinaison de vêtements différents de ceux communément portés, prend sens, fait signe, index, indice pour les récepteurs des messages. Les mouvements de jeunes nous l'indiquent clairement qui traitent toute leur apparence, des pieds à la chevelure, comme un système de signes. Uniformes, drapeaux, oriflammes, enseignes vives, signatures sur le corps comme un tatouage. Personnalisation, singularisation comme fait l'empreinte vocale, le choix inconscient de certains vocables toujours privilégiés, alors que d'autres sont exclus. Autant d'index. Y compris ceux dont nous affuble le corps social : nos langues professionnelles ; les *quelque part*, d'abord analytiques, les *notamment* journalistiques, les accents, sur la première syllabe des mots, didactiques des enseignants, avocats, politiciens. Index géographiques des prononciations. C'est parce qu'ils sont des éléments autres que ceux que nous attendions que nous les repérons, tracés depuis le codage, les codes, qui sont nôtres, que nous le sachions ou non.

Quand je dis *maï* (prononcé *mail*), il vous faut choisir, consciemment — mais la plupart du temps cela se fait inconsciemment, cela s'impose — le code, la structure qui vous permet d'intégrer *maï* et, partant, un contexte : *my dog* implique l'anglais et s'oppose à *the dog* ou *a dog* ; les commutations vous indiquent qu'il s'agit d'un article ; on pourra le dire possessif si l'on veut et faire de même pour *mon* français ; et vous entendez que ce fonctionnement n'a rien à voir avec celui d'un adjectif.

Mais nous voilà déjà dans la syntaxe alors que je parle encore de structurations, de *code* ou *langue* sous-jacent au *message*, à la *parole* (selon les concepts saussuriens « langage-langue-parole »). Cette parole *maï* peut aussi renvoyer au chinois ou au français *Wuong Weng maï niu naï*. Selon les tons utilisés — les façons de prononcer *maï* —, qui connaît le dialecte de Pékin, langue officielle, comprendra *acheter* ou *vendre*. Cette différence des tons, non utilisée en français, est fort difficile à percevoir, à produire, pour nous. Si j'étais assise auprès du feu, moins « dévidant et filant » que tricotant, vous entendriez *maï* en m'attribuant un propos sur mon tricot *(mailles)*. Importance du code et de la situation pour interpréter un message. A moins que quelque agressivité ne vous conduise à penser que nous allons avoir *maille à partir*, ou que le bord de mer ne vous invite à vous promener *sur le mail*, comme l'ont fait bien des Rochelais.

L'émission *maï* est codée ; sa valeur informative dépend du système dont elle fait partie ; bien qu'elle désigne nécessairement un aspect du réel, celui-ci n'est perçu qu'en fonction de son intégration dans une structure. La relation sémiotique entre la forme et le sens se construit dans le code. C'est pourquoi *maille*, pour un Français, ne pourra jamais signifier *mon* ou *vendre*, sauf s'il lâche sa langue.

Cependant, cette relation stable des formes au sens, des signifiants aux signifiés, est aussi, en même temps, susceptible d'instabilité, ou plutôt d'instabilisation ; dans le processus de paroles, d'autres valeurs peuvent advenir, par le jeu des connotations, par celui des associations personnelles, par les transferts grammaticaux ou rhétoriques, par les constructions métaphoriques par exemple. Ainsi le lien signifiant-signifié constitutif de la relation de communication — c'est grâce à lui que nous échangeons des messages — peut varier au fil des discours, des situations et du temps. La *grève* n'est plus seulement un *rivage*, ou une *place*, mais l'*arrêt de travail* ; la *neige* ou la *blanche* s'échangent entre toxicomanes.

Et *la vache* peut servir d'insulte ou évoquer métonymiquement *une carte*, c'est-à-dire un *cartable*, une *serviette d'école*, etc., autrement dit quelque chose comme un *porte-documents*.

La créativité linguistique se soutient de ce lien arbitraire et nécessaire du signifiant au signifié, du signe au référent, à travers le codage qu'est la langue. Codage impliquera que la structure est non close ; qu'une langue est infinie. Et si « elle oblige à dire » (BARTHES), elle n'arrête pas les dires. Toute action nouvelle sur le monde invitera à le décrire autre et pour ce faire à parler, à penser, autrement. Toute expérience subjective se dira dans les limites de la langue et la déploiera en l'actualisant. Or cela se fait constamment, insensiblement, une langue évoluant à chaque prise de parole. Mais pour les besoins de la communication, nous ne nous en apercevons pas. Ce qui facilite les choses et permet de croire que quand je vous parle de *mailles* ou de *soleil*, de *chirurgien* ou de *chirurgienne*, nous repérons les *mêmes* signes et vous recevez mon message. La situation dans laquelle opère l'acte de parole, la réception et ce qu'elle implique d'imaginarisation institutionnelle ou subjective — images du public, des destinataires ou récepteurs, des autres — étant fondamentales pour toute émission.

L'acquisition des langues en témoignent. L'attente de l'autre, sa façon de vous parler, de vous inclure dans le code, de vous poser comme sujet parlant facilite l'entrée dans la langue, la prise de parole ; en particulier quand il s'agit de la première langue ; celle-ci jouant ensuite toujours comme écran (subjectif) pour toute autre langue ; écran plus ou moins friable selon le désir d'identification au même ou d'altérité de chacun(e).

Mais parler d'apprentissage des langues nous entraînerait trop loin. Revenons donc aux structurations et à l'arbitraire imposé, source de toutes sortes de jeux avec les mots, dans la langue. Je disais *chirurgien*, et un certain nombre errait. Mais non, il s'agissait moins d'errance que de codage dans, par le français, obligation à entendre d'abord un masculin-mâle ; codification trouable, changeable, avec des paroles (un commentaire), avec des mots (la dérivation : *chirurgien-ne* ; la composition : *chirurgien-femme, femme-chirurgien* ; de type compromis — comme on dit en psychanalyse —, un masculin et un féminin se disant dans le même temps).

Les jeux de mots, avec les signifiants, ne sont pas autre chose que de faire apparaître d'autres dires dans le dire, au-delà du codage imposé, dans et avec ce codage. Comme en poésie. Comme dans les rêves. Comme dans les lapsus ou toute autre émergence subjective. On voit mal un Français, une Française, sauf parlant malgache, faire un lapsus de type /tšr/ (phonème dans cette langue) mais confondre /p/ et /k/, etc., oui. Ou d'autres. Encore faudra-t-il qu'il soit écouté pour être repéré comme tel. Ecouté par un(e) autre, qui peut être soi-même. Ce dont témoignent les reprises immédiates. Exemple : « Je ne veux rien avoir à faire avec ce sa... ce pâle individu », où *sale*, en douce, est passé. J'en passe et des meilleures, car ces temps médiatiques en donnent à entendre. Certains s'amusent même à les relever, chez nos hommes politiques, et en font des chroniques dans les journaux. La publicité et les quotidiens raffolent de ces jeux pour leurs accroches (slogans ou titres). JAKOBSON appelait cela la *fonction poétique* du langage que toute parole peut mettre en acte si l'on accepte de parler, de naviguer dans la langue, et non de tricoter un dire amidonné.

Un exemple parmi bien d'autres d'invention publicitaire : *Rowentez-vous la vie !* Chacun(e) aura entendu /R/ *re, ré* = sens « de nouveau », puis *ventez la vie*, et reconstruira *réinventez* avec le nom propre inscrit (Rowenta). Repérage du code, de la fonction du nom propre posant la marque, de la productivité linguistique sans figement. La limite se franchit et maintient en même temps le code pour permettre la communication.

Il en est souvent ainsi dans chaque idiolecte, sans qu'on le sache. Seule une écoute singulière nous l'indique. Le psychanalyste est celui qui reçoit la langue idiolectale, alors que le linguiste dégage la langue qui serait celle que tous, toutes auraient reçue en y entrant. Métaphore du trésor déposé en chacun(e). Trésor ou assemblage plus ou moins homogénéisé et hétéroclite. Peu importent les métaphores. Il s'agit essentiellement de cerner, malgré notre difficulté à dire et à penser cet irreprésentable qu'est la langue, le fait qu'elle nous structure comme parlêtre, qu'elle nous introduit ainsi dans l'humain et l'appréhension (au double sens du terme) de toutes les autres. A condition qu'on ne les traite pas de « barbares ». D'où l'intérêt de la méthode d'immanence, présentée plus haut, qui évite ce piège dans lequel sont tombés les grammairiens grecs, comme vous le savez. D'où la vigilance des structuralistes ou de ceux et celles qu'anime la passion des langues et de leur description différentielle, et leur intérêt pour les procédures formelles, présentées rapidement plus haut, lors du travail sur les voyelles du français ou sur *maï* ou *sale*. Elles sont en effet une garantie, pour le linguiste décrivant un idiome, d'atteindre une certaine objectivité, en n'étant plus dépendant des structurations (unités ou relations) acquises dans sa première langue.

Ainsi, à travers la mise au jour des différentes structurations du réel dans les langues humaines, se découvrent les différentes « visions du monde » des humains.

Différence des langues — Exemples aux différents niveaux d'analyse linguistique

Les méthodes ou procédures, utilisées plus haut, sont celles dont se servent les linguistes pour dégager les unités phoniques ou lexicales (sons ou mots, pour parler vite et approximativement) distinctives ou significatives, et leurs relations, autrement dit la *structure* linguistique représentative de la *langue* à l'étude.

Sur ce mode est opérée la différence *sons/phonèmes* : unités sonores *des* langues (sons) et unités sonores distinctives appartenant à *une* langue (phonèmes), soit le dégagement de la *structure phonologique* d'une langue, toujours d'abord orale, rappelons-le pour souligner l'importance que prend l'étude phonologique dans le développement de la linguistique au XXe siècle, d'une part, et dans l'analyse d'une langue, d'autre part.

C'est à ce niveau que l'on remarque parfois, comme je l'ai dit plus haut, que les sujets parlants se révèlent linguistes et phonologues sans le savoir. Comme l'ont été les premiers concepteurs des alphabets ; leur règle étant qu'un son pertinent dans la langue (utile et partant distinctif) soit représenté par une lettre. Ce qui constitue bien une première approche phonologique de la structure sonore de cette langue. D'où l'alphabet consonantique des Phéniciens (langue sémitique où se repère la stabilité utile, consonantique, formant les monèmes et permettant de les identifier) et sa modification pour l'adapter à la langue grecque, non sémitique, par l'introduction des voyelles. Aujourd'hui, l'évolution linguistique a fait souvent se creuser un écart entre l'oral et l'écrit de telle sorte que la règle « une lettre-un son » est quelque peu bousculée. Ainsi /k/ français peut être représenté par *c (carton), qu- (qui),* ou *k (kilo),* voire *ch (chiasme),* etc.

Or combien croyez-vous utiliser de /k/ ? Cette fois, je ne parle pas de lettres ou de phonèmes mais de sons.

Savez-vous que, parlant français, vous en utilisez couramment deux, l'un palatal, l'autre vélaire ?

Le premier se repère dans *qui, car,* etc. Le second dans *cou.* La différence concerne la position de la langue contre le palais dur (palatal) ou le voile du palais (vélaire). Si vous prononcez ces mots, vous sentirez ces mouvements articulatoires. Et pourtant, les sujets parlant français croient ne posséder qu'un /k/. Et ils ont raison. Car il n'existe pas d'opposition pertinente dans la structure travaillant avec ces deux traits ; aussi, quelle que soit la façon dont nous prononçons le /k/ dans *qui* ou *cou,* nous relevons l'unité dont nous avons connaissance et besoin en français ; celle qui n'est pas /r/ ou /p/ ou /t/ ou /f/, etc. En revanche, un sujet parlant un dialecte arabe entend cette différence alors même que vous lui parlez en français. Seule une longue fréquentation d'une autre langue fait perdre les habitudes acquises dans la première, les conventions ou structurations qui se sont incorporées en nous avec la première langue. De là vient qu'aucune langue n'est maîtrisée comme la première — ou très rarement.

Cet exemple, consonantique, met en évidence la différence des langues.

Songez que certaines d'entre elles, le hawaïen par exemple, fonctionne avec une dizaine de voyelles et huit consonnes ; alors que le tugurk comme d'autres langues du Caucase en comporte plus de soixante-dix (consonnes) et très peu de voyelles (deux). Le /tšr/ malgache cité précédemment étonne nos oreilles et notre bouche, et que dire de /tšr/, presque le même phonème mais avec une nasalité en plus, etc. Nous n'entendons pas les coups de glotte que nous produisons. Les clics, ou claquements de la langue contre le palais, ne sont pour nous que des bruits du corps, à peine indices d'impatience ou de discourtoisie. Ils sont des phonèmes, c'est-à-dire des unités linguistiques dans certaines langues. Pas exactement des sons, des bruits phoniques, mais des unités sonores ayant une fonction distinctive dans la langue, c'est-à-dire une fonction d'identification des signifiants des signes (permettant de distinguer les mots *rue* : différent de *roue*, /ry/-/ru/, identifié grâce à la différence /y/-/u/ ; *rue* n'est pas *lu*, identifié grâce à la différence /r/-/l/, /ry/-/ly/, etc.). La méthode utilisée pour les dégager est la commutation.

Or, les sons *k* palatal et *k* vélaire ne commutent pas en français. Ils ne permettent pas de distinguer des mots. Ils sont donc une seule et même unité linguistique. Il en est de même de *r* apical ou *r* vélaire (*r* roulé ou *r* grasseyé) : *Rue = rue* ; ce n'est pas le cas en espagnol (castillan) : *cara, para* n'ont pas le même sens que *caja, paja (caRa, paRa)*. Même différence pour *r* long ou *r* bref : toujours en castellano, *perro* a un autre sens que *pero*. De même encore, sur le plan vocalique cette fois, *i* ou *i,* long ou bref, *u* bref ou *u* long seront des phonèmes dans certaines langues ; en anglais *sheep - ship*, en allemand *fuhlen - füllen* s'opposent, alors que *pIre* ou *pi : r* (les : marquent la longueur) reste en français le mot *pire* identifiable comme différent de *mire*, de *pur*, de *pile*, mais non d'un autre mot *pire*. Relativisme linguistique phonique structurant notre corps, tel que jusqu'à notre mort ces mouvements articulatoires et auditifs resteront attachés à nous, ancrés en nous ; à moins que ce ne soit eux qui nous ancrent à une langue, comme à une rive.

La hauteur de la voix, comme la longueur donnée aux voyelles, joue un rôle *expressif* en français, ou *emphatique* « c'est *pire !* » ; on dit aussi *émotif* ; mais non une fonction distinctive (d'identification des termes). En chinois, en vietnamien, dans de nombreuses langues africaines, la hauteur dite *ton* assure cette fonction. Exemples (dialecte de Pékin) : *mā (maman), má (chanvre), mǎ (cheval), mà (injures)*.

Ces exemples mettent l'accent sur les paradigmes. On pourrait en citer qui vous présenteraient des combinaisons de phonèmes. Les langues se différencient aussi sous cet aspect, syntagmatique, combinatoire et compatibilités des phonèmes (type CV, CCV, CVC, CVCV, etc., *lu, plu, pul(l), lubi(e)*, etc.)[2].

---

(2) Il s'agit ici de combinatoire orale, d'où *pull* (écrit) équivalent de *pul* (oral : /pyl/). C : consonne, V : voyelle. *Rue* : oral CV. *Pull* : oral CVC.

Ce qu'on appelle « l'accent » en langage courant renvoie souvent à des difficultés à s'adapter à d'autres phonèmes et à d'autres combinatoires.

La grammaire, ou plus précisément dit la syntaxe, est le lieu où s'étudient les combinaisons de signes, leurs rapports, leurs modes de hiérarchisation. Non seulement l'inventaire des termes diffère dans les langues, mais également leurs types de relation : on ne peut dire que tous les idiomes construisent leurs énoncés, leurs phrases — énoncé est la notion orale ; phrase, la notion venue de l'écrit — à l'aide de noms et de verbes, ou sujet et prédicat sur le mode des langues indo-européennes par exemple.

En revanche, il semble qu'elles établissent toutes des liens hiérarchisés entre les termes, soit par des mots indiquant les hiérarchies, les dépendances ou les déterminations (cas, relateurs, etc.), soit par l'utilisation des positions (ou ordre des termes ; cf. la différence entre *le loup tue l'homme* et *l'homme tue le loup*). Nous rencontrons là un universal des langues. Il en est d'autres, ceux qu'utilisent les descripteurs, comme par exemple le fait de considérer que tout énoncé syntaxique s'organise autour d'un *centre* ou *noyau*, encore appelé *prédicat* ou, plus maladroitement — j'y reviendrai —, *verbe*. Encore faut-il réfléchir un peu à ce qu'est une grammaire, la grammaire d'une langue.

Prenons trois termes du français : *tigre, homme, attaque*, décrivant ou représentant les référents tigre, homme, attaque et les expériences d'*attaque du tigre par l'homme* ou l'inverse. *Attaque du tigre par l'homme*. Les langues à construction dite *ergative*, tel le basque, utilisent fréquemment ce mode de construction, alors que le français use plutôt de construction du type : *l'homme attaque le tigre* (ou l'inverse), dite *objective*.

Bref, ces messages nous transmettent une expérience qui parle d'un lien entre ces éléments de référence : « attaque », « d'un tigre », « avec un homme », et indique que « c'est l'homme qui », grâce à *de* devant *tigre*, ou *par* ou *avec* devant *homme,* ou encore la position différente d'*homme* ou *tigre* entourant *attaque*. On dirait donc que la syntaxe — ces liens entre les termes — provient du besoin de communiquer une expérience non décrite par la seule accumulation des signes. Précisons en utilisant une fiction : nous sommes membres d'une petite communauté ; tous se connaissent. Il s'y côtoie un gros malabar Pierre et un petit malingre Paul. Si je dis, *battre Pierre Paul*, la logique de l'expérience vous conduit à penser que Pierre et Paul se sont combattus et que le gros malabar, Pierre, a battu Paul.

Mais si Paul, le petit malingre, est aussi rusé que le David de la Bible, il faut pouvoir dire l'étonnant ; c'est là qu'intervient la syntaxe. Elle permet de dire l'expérience, même l'expérience limite, illogique, comme la plus conforme aux attentes. Par les hiérarchies établies, grâce aux relateurs grammaticaux, un nouvel arbitraire se construit qui détache la représentation syntaxique du réel, en l'y ancrant conventionnellement ; de la même façon que les signes sont séparés des « choses » qu'ils symbolisent, et re-présentent.

Grammaticalement, les relateurs, prépositions, conjonctions, désinences casuelles, etc., la position des termes dans les énoncés, jouent ce rôle : cf. *Paulus Petrum...* où les *-us* et *-um*, respectivement *nominatif* et *accusatif*, marquent le rapport de *Paul* et *Pierre* avec le centre de l'énoncé (le *prédicat*), comme le fait en français la position de ces éléments : *Paul a battu Pierre,* différent de *Pierre a battu Paul.*

Ainsi, l'expérience parlée cesse d'être fusionnelle ou simplement ressentie. Elle relève alors d'un autre mode de fonctionnement que celui du sensible, mode de fonctionnement spécifiant l'humain, celui du dire, de l'échange symbolique.

Les catégories syntaxiques elles-mêmes diffèrent selon les langues, celles du temps, du dire *ici et maintenant*, effectivement réalisé ou fictif. Je précise. Nous pouvons utiliser deux façons d'indiquer notre position eu égard au temps de notre énonciation : des mots, *hier, aujourd'hui, demain*, la scandent : *hier comédienne, aujourd'hui chanteuse ; hier golfeur, demain chirurgien,* etc. Une remarque au passage : voyez comme les dénominations grammaticales traditionnelles sont trompeuses. *Hier, demain* sont, paraît-il, des adverbes, alors *comédienne, chanteuse,* etc., seraient-ils des verbes ? Ou des prédicats [3] ? Ne sont-ils pas centres d'énoncés ?

La relation de temps est grammaticalisée en français par des éléments s'attachant à une classe de mots et une seule, qu'ils spécifient comme verbes. Exemple : « imparfait » com-

---

(3) Voir ci-dessous la différence entre *catégorie* ou *classe* et *verbe* ou *prédicat*.

mutant avec « présent », « futur », etc. (*-ais, je parlais, je parle, je parlerai*). Ces éléments de terminaison sont en fait des monèmes ou unités significatives isolables, même si notre graphie les lie au terme précédent, d'où l'analyse linguistique de *parlais* en *parl-* + *-ais*[4], soit en deux unités, segmentables et réutilisables (cf. *parl-* + *-ons, chant-* + *-ais,* etc.).

Ces éléments de détermination avec la valeur « temps » se combinent avec une classe de termes, une série ou un inventaire — ces notions sont équivalentes — qui s'identifie comme compatible avec eux ; alors qu'une autre classe se révèle incompatible avec ces déterminations, celle traditionnellement dite des noms : la première est appelée celle des verbes dans la tradition grammaticale.

Certains linguistes refusent ces termes afin d'éviter de décrire une langue non encore décrite en l'insérant, du fait de la terminologie utilisée, dans un schéma descriptif traditionnel, non adéquat. Ce dont témoignent effectivement les problématiques universalisantes, dans lesquelles toute langue est décrite sur le mode d'une autre ; hier, le latin ou le grec, aujourd'hui, l'anglais (cf. la recherche des langues SVO ou SOV, etc. S = sujet, V = verbe, O = objet ; avec confusion des niveaux, celui de l'inventaire des classes et celui des fonctions syntaxiques).

Ce souci terminologique se justifie. Il permet d'attirer l'attention sur le rôle influent que peut jouer la première langue acquise ou toute autre « grande » langue de référence descriptive sur la prise en compte de celle à l'étude. Ce pouvoir réducteur est repérable dans la croyance en l'universalité des structures linguistiques, découverte grâce à l'idéité formelle des outils utilisés. Dans ce cas, les universaux sont descriptifs sans plus. Cependant, cette préoccupation universalisante manifeste un désir évident d'unification de l'espèce humaine : nous serions tous semblables puisque nos langues seraient les mêmes.

Le souci humaniste, pour ne pas dire idéologique, d'où le terme de croyance avancé ci-dessus, qui sous-tend cette position analytique, est repérable et acceptable ; encore qu'il convienne de s'interroger sur sa pertinence, aux niveaux où

---

(4) L'élément + note ici la relation syntaxique.

il se situe, scientifique, puisqu'il a cette prétention, idéologique également, à l'évidence. Car d'autres façons existent, à ces mêmes niveaux, qui permettent de revendiquer le respect de chaque être humain, de sa dignité, sans pour autant le déclarer identique à soi, mais seulement semblable, avec ce que cette similitude implique de différence, de non-assimilation. Au niveau linguistique comme à d'autres.

Cette idéologie du « droit à la différence », non moins humaniste, peut également se manifester dans la mise au jour du relativisme linguistique ou de la diversité langagière des humains.

Revenons donc à la syntaxe, ou plus précisément à l'inventaire des éléments de la langue en *classes* et à leur mise en relation. Pour illustrer la recherche et l'attribution d'un terme à une classe ou à une autre, nom ou verbe, ou encore relateur ou déterminant, j'utiliserai d'abord le français, pour plus de facilité. Prenons le mot *demeure, livre* ou *marche*. Qu'est-ce ? Que sont-ils ? Noms ou verbes ? Je vous défie de répondre. Avant toute mise en contexte linguistique, en énoncé, vous ne le pouvez pas, sauf à actualiser un savoir tout fait, aprioriste, comme dans le cas des cinq voyelles. Or, nous avons pour tâche de décrire sans a-priori.

Si l'on dit *une demeure, c'est ma demeure, cette demeure est mienne,* ou *ce livre, mon livre, chaque livre,* etc., ou *je demeure avec vous malgré le beau soleil, je vous livre ce secret,* etc., vous entendez que *demeure* est un nom dans le contexte de *une,* ainsi que *livre* (contexte *un*), mais un verbe dans celui de *je* ; il en est de même de *livre,* de *marche,* etc.

Dire « est un nom » ou « est un verbe », c'est attribuer l'élément en question à une série en signifiant quels sont ses environnements (ou contextes) potentiels dans la structure linguistique. Ici il s'agissait de *un/une* ou *je,* qui déterminent des éléments ayant des comportements paradigmatiques et syntagmatiques différents : les uns se combinant avec les pronoms, les modalités temporelles, etc. ; les autres avec les articles, le nombre, etc. Les relations structurelles (paradigmatiques et syntagmatiques) opposent en français — et dans d'autres langues — deux séries de termes ou deux classes *A* ou *B,* ou *verbe* et *nom*.

Qu'on les appelle ainsi ne veut pas dire que la position traditionnelle de définition aprioriste soit maintenue. Vous voyez que je n'ai absolument pas eu recours au sens pour définir *nom* et *verbe*, mais strictement aux compatibilités structurelles. D'où l'abandon du terme *catégorie* renvoyant à une conception philosophique ou sémantique de la syntaxe : les noms y sont dits ceux des « êtres » ou des « choses », et les verbes ceux des « actions ». Or, la *course* n'est pas un être mais une action ; le *meurtre* ou l'*assassinat*, voire le *mensonge*, caractéristiques bien humaines, paraissent également pouvoir être qualifiés d'actions, d'actes. Bref, ces anciennes définitions doivent être abandonnées ; les linguistes structuralistes ont depuis longtemps montré leur insuffisance et même leur fausseté.

Mon, ma, ce, cet, cette ne sont en rien des *adjectifs* même dits possessifs ou démonstratifs. Si vous cherchez à repérer leurs modes de fonctionnement, vous découvrirez qu'ils sont attribuables à la même classe que *un, une, le, la*, celle des *articles* ou *déterminants* du nom. Ils prennent cette place (cf. *le chien, mon chien*) ; ils sont incompatibles entre eux, **mon le chien,* **le chien mon,* *le ce chien ; preuve qu'ils entretiennent des relations syntagmatiques d'exclusion et paradigmatiques d'équivalence : ils appartiennent à la même classe d'éléments et celle-ci ne contient pas les adjectifs, puisqu'ils sont compatibles syntagmatiquement avec eux (cf. *le grand chien, ce chien jaune, mon beau chien*, etc.).

L'attribution à une classe d'un élément x d'une langue se fait donc formellement et non sémantiquement, par la recherche de ses relations dans la structure (paradigmatiques et syntagmatiques, compatibilités, incompatibilités, équivalences et oppositions). Le terme de *classe* est utilisé pour manifester ce mode d'analyse.

Demeure ou *livre*, analysés précédemment, ne mettent pas en échec ces procédures. Les signifiants, apparemment uniques, appartiennent en fait à des signes différents dans la langue : *demeure,* nom, compatible avec les articles, le nombre, les adjectifs, etc., non compatible avec le temps, la négation, les pronoms, etc. ; et *demeure*, verbe, incompatible avec les premiers éléments cités et compatible avec les derniers.

Il en va de même de *livre, marche, risque,* etc.

Une fois l'inventaire des éléments d'une langue et leur regroupement en classes opérés, on étudie comment ces classes s'agencent entre elles, c'est-à-dire celles qui déterminent les autres ou sont déterminées par elles. Cela constitue précisément l'objet de la syntaxe, soit la hiérarchie des éléments linguistiques dans l'énoncé.

En analysant *les* langues, on découvre que certains éléments nécessaires à l'actualisation des termes dans l'une (nécessaires à l'insertion des mots dans une phrase) ne le sont pas dans l'autre, ou encore que certains éléments sont grammaticalisés comme des déterminants ici, alors qu'ils sont lexicalisés là. Exemple : la valeur « temps », désinences ou mots[5] (*-ais,* ou *hier* en français) selon les langues, ou s'appliquant au verbe, ou au nom, comme en nootka, en aymara, en kalispel (rappelez-vous, *hier enseignant, aujourd'hui conférencière, demain...).*

Ce qui paraît constant, un universal des langues en quelque sorte, c'est qu'il existe d'une part des relations hiérarchisées entre les termes et d'autre part des éléments indispensables pour constituer les énoncés.

Ces éléments indispensables constituent le centre ou noyau d'énoncé ; ils sont désignés syntaxiquement comme les *prédicats*, qu'ils appartiennent à la classe *x* ou *y, nom* ou *verbe* par exemple. D'où dans l'énoncé, *voilà l'autobus, autobus* prédicat, ou dans *aujourd'hui conférencière, conférencière* prédicat, comme l'est *aboie* dans *le chien aboie.* Un verbe n'est donc pas le seul à pouvoir assumer la fonction de prédicat ; d'où la maladresse pour le moins à mêler dans certaines théories les notions issues de l'inventaire des classes, telles *verbe,* et celles venues de la prise en compte des fonctions syntaxiques dans l'énoncé, soit *sujet, objet.* Vous comprenez maintenant ma critique, doublement critique, de la recherche universaliste SVO.

Les éléments relateurs (fonctionnels) ou déterminants sont appelés *morphèmes* ou éléments grammaticaux ; ce qui signifie qu'ils appartiennent à des classes dont le nombre d'unités est comptable (classe fermée). Les autres éléments dits lexicaux ou *lexèmes* appartiennent à des séries non dénombrables ou classes ouvertes. Cette répartition diffère selon les langues, comme diffèrent les structurations du réel.

Par exemple, l'opposition verbe transitif ou intransitif (avec ou sans objet) n'existe pas dans toutes les langues uti-

---

(5) Morphèmes ou lexèmes.

lisant une classe de verbe. En chinois, *manger* n'est pas employé dans un terme-objet. On ne peut dire *je mange*, de façon absolue, comme en français. *Manger* suppose toujours *manger quelque chose*, soit de la nourriture sans plus de précision *(chī fàn)*, soit en ouvrant le paradigme de *fàn*, du riz, des pâtes, etc. (cf. *wô chī fàn : je mange (nourriture) ; wô chī miàn : je mange des pâtes*).

En chinois encore, une question ne peut être posée sans grammaticalisation de la réponse supposée, négative ou positive. Exemple : *xuésheng chōu yān mà, l'étudiant fume ? (non* est impliqué). *Est-ce que l'étudiant ne fume pas ?* ou *l'étudiant fume-t-il ?* peuvent être en français assortis de la réponse *oui* ou de la réponse *non*. En chinois, la formulation supposant la réponse *oui* diffère donc de la précédente : *xuésheng bù chōu yān mā (oui* impliqué).

On pourrait multiplier les exemples ; des langues comme l'anglais ou l'allemand, ou l'italien, proches du français puisque d'origine indo-européenne comme lui, présentent déjà des différences de structuration. On peut donc aisément concevoir que d'autres idiomes, de civilisations plus distantes, aient envisagé des façons différentes de « voir », de représenter le monde.

Dans certaines langues, des morphèmes sont constamment nécessaires qui manifestent le « réel » ou le « fictif » de ce qui est en train de s'énoncer, ou encore la « présence » ou l'« absence » des éléments dont on parle, leur « vue » ou leur « non-vue », au temps de l'énonciation, est en quelque sorte grammaticalisée. Il peut en être ainsi de la continuité ou discontinuité des éléments (voir en anglais la distinction entre comptable et non comptable), de leur verticalité ou horizontalité, qui interviennent dans certaines langues au même titre que les traits animés/inanimés, singulier/pluriel, etc., en français.

En toba par exemple, *-na* et *-ka* sont des morphèmes joints de façon obligatoire au lexème utilisé. Ils signifient que l'élément en question est réel et vu, ou irréel, ou absent et réel, ou absent et fictif *(-azi)*.

Si le français avait produit une structuration du monde analogue, vous auriez eu ce type d'information quand j'ai parlé de *la capitaine*, ou de *la chirurgienne*. Le fait qu'il s'agisse de personnes rencontrées ou d'exemples sortis de mon imagination aurait été grammaticalisé, c'est-à-dire codé dans la langue et imposé par elle à mon discours et à votre écoute.

Quand je vous parle d'*un bateau*, d'*un train,* d'*un mendiant*, en français, vous ne pouvez pas savoir grammaticalement si je fais allusion à ceux que j'ai vus, ou rencontrés, chez RIMBAUD, DELVAUX, HOMÈRE ou Victor HUGO, ou dans mes rêves. Cela, la langue toba le structurerait.

En toba également, le *lait* s'actualise avec la même particule que l'*arbre* ou la *souris avalée,* soit avec *-ra* (et non *rat !*) signifiant la « verticalité », alors que *la tasse* ou *la souris vivante* sont suivis du trait « horizontalité ». Ce qui ne peut qu'étonner la langue française qui extraie peu ces éléments du réel. En jacaltec, le *lait* et la *montagne* appartiennent à la même classe contenant le trait verticalité. Pour la montagne, notre perception externe nous aide à le concevoir, mais pour le lait... ? Constat d'absence : cela n'a pas été codé dans notre idiome.

En français, tous les termes lexicaux utilisent, pour être actualisés, une forme, masculin ou féminin, c'est-à-dire le *genre*. Il existe des langues où cette différenciation n'a pas cours, ou d'autres où trois genres sont utilisés, comme en anglais par exemple (cf. *he/she/it*).

Le français, lui, ne fait alors aucune différence entre les êtres et les choses : il utilise pour *Pierre* ou *le chien* ou *le bateau* le même élément de co-référence dans l'énoncé ou entre énoncés ; autrement dit, le même pronom *il*, qu'il s'agisse d'humain, d'animal ou de chose, soit linguistiquement dit : animé-humain/animé-non humain/inanimé ; exemples : *Pierre... il, le chien... il, le bateau... il*. En revanche, cette structuration se perçoit dans les contraintes syntagmatiques : *le chien, comme il aboie ! Pierre, comme il aboie !* (avec tolérance du fait d'un usage métaphorique), mais *le bateau, comme il aboie !* inaudible, sauf le temps de cet exemple ; preuve en même temps que si la langue code nos façons de dire, elle ne les immobilise pas totalement. Bien des transgressions, métaphoriques ou autres, restent possibles.

Le français utilise le genre, le hongrois non. Le français emploie des articles, le finnois non. Le français les place devant les noms, le roumain derrière, etc.

La diversité langagière des langues est immense, imprévisible dans sa totalité ; pour peu qu'on l'écoute, elle témoigne des visions du monde possibles ou même, pour reprendre un énoncé plus philosophique, « des mondes possibles » puisque parlés. Aussi est-ce toujours un drame, pour un linguiste, de voir disparaître une langue.

Passons donc à cette structuration du monde en s'attachant un peu plus aux organisations élaborées par les langues de la « personne » ou de l'« identité ». Les pronoms en sont un témoignage, les désignations de parenté, ou encore les lexicalisations des êtres et leurs co-référents : cf. l'anglais *his/her*, à valeur sexuée en fonction du sujet ; désignation non utilisée par le français : *son chien* utilisable pour un homme ou une femme, en face de *his dog, her dog* (anglais), où *his* renvoie à homme et *her* à femme, etc.

En jacaltec, la différence animé-humain/animé-non-humain/inanimé existe, repérable dans les pronoms. On constate que l'un d'entre eux est utilisé pour spécifier une classe, que le français ne connaît pas, celle des animés ni humains, ni animaux (non humains). L'être en cause est un animé, ni humain, ni non humain. Qu'est-ce donc ? Une chimère ? Non. Il s'agit d'un *chien*. Dans cette langue, il est donc parlé d'une façon tout à fait particulière puisque, si on ne le considère pas tout à fait comme une personne, on ne le considère absolument pas comme un animal. Il est question ici de langue, donc de structure ; c'est-à-dire que d'autres phénomènes interviennent pour renforcer cette classification. Dans cette langue, le *bébé* de moins de huit mois est, quant à lui, référé à la classe des inanimés (objets ou choses). Quand il survit, qu'il dépasse huit mois, il reçoit un nom propre. Nommé, il change de *pronom* ; il est alors désigné comme relevant de la classe des animés-humains. S'il meurt le jour suivant, il est enterré selon les rites funéraires de l'un ou l'autre sexe. La veille, non nommé, il était représenté comme inanimé, non humain, bien loin de la catégorisation « chien ». Je la dis telle quelle puisque le français ne sait pas la nommer. Quiconque possède (*possède* introduit une relation d'objet) un animal familier comprendra l'intérêt des Jacaltec pour le chien. Il l'entendra certes ; je ne sais s'il la com-prendra : voyez les circonlocutions qu'il me faut pour faire entrer cette représentation dans notre langue. Elle ne la dit pas, elle ne la com-prend pas (au sens étymologique de « prendre avec »). Cependant, les circonlocutions ou paraphrases utilisées font que quelque chose, venu du jacaltec, se transmet, non *dans le* français mais *en* français. Structure certes qu'une langue, mais structure non close, apte à dire ce qu'elle ne dit pas de ne pas l'avoir structuré, déjà symbolisé, apte à dire ce qu'elle ne suggère encore qu'à demi.

Différence des conditions de vie des peuples inscrite dans les langues ; différences culturelles, différences des civilisations. Celle-ci se défend comme elle peut devant la mortalité infantile et ne nomme l'enfant que lorsqu'il a triomphé des premières difficultés. Et, comme en rappel de mémoire, témoigne non de la croyance en l'animisme de la nature (du style *le soleil se couche*), mais de l'anthropomorphisation du chien.

Vérités soulignées, ancrées, exhibées dans la langue, témoignages de l'histoire humaine.

Et n'allons pas nous inquiéter de la « barbarie » des Jacaltec. Que ne pourrait-on dire de la nôtre, linguistique et historique ! Nous ne nommons les enfants qu'à leur naissance, alors que les Chinois les conçoivent humains et les nomment depuis le jour de leur conception. Il n'y a que depuis peu que la langue et la civilisation françaises se soucient du bébé comme d'une personne. Il en fut ainsi des femmes, rappelez-vous le concile de Trente : s'interroger sur l'existence de leur âme posait la question de savoir si les femmes relevaient, comme les hommes, de l'ordre de l'humain (à l'image de Dieu) et non du diabolique ou du naturel ; tout cela, excusez du peu, s'équivalant.

Aujourd'hui encore, le bébé n'est guère intégrable dans la catégorie humain, sexuée la plupart du temps en mâle (masculin) et femelle (féminin). On dit conventionnellement *le bébé*, mais non *la bébé* ou *la bébée*, bien que le français permette ces deux dérivations. Certains arguent du neutre. Je pourrais démonter cet argument et démontrer qu'il n'existe pas de neutre dans la catégorie humain en français ; je n'ai pas le temps de le faire ici. Toutefois, vous sentez bien que le bébé n'est pas situé, linguistiquement, sur le même plan que d'autres termes désignant les humains adultes. Ce qui laisse entendre le type de structurations privilégiées par le français pour les humains, soit les valeurs « âge » primant sur celles de « sexe ». Les termes comme *bébé, enfant, vieillard* (exception faite de *vieillarde*, guère usité, ou péjoratif) ne comportent pas la valeur « sexe ». Ces deux valeurs, en revanche, sont représentées dans les termes concernant une partie des animés non humains (en français, certains animaux) ; en particulier la valeur « sexe » dans son rapport à la « reproduction de l'espèce », déclinée comme suit : « mâle/femelle/hors reproduction ». Rappelez-vous les séries *taureau/vache/bœuf, étalon/jument/cheval*, etc., mais *homme/femme* ou *homme/femme/enfant/bébé*, etc.

Autres exemples du relativisme linguistique ou de la diversité langagière : la désignation de l'identité, sexuée ou non, dans les langues. Il existe des idiomes où l'enfant humain apprenant à parler s'y structure linguistiquement, obligatoirement, comme sujet parlant mâle ou femelle, à l'aide de mots *je* différant selon le sexe ou quelques autres critères (cocama, thaï, japonais, etc.).

Dans certaines langues, cette différenciation ne concerne pas seulement les pronoms de l'interlocution *(je/tu)*[6] ou de la référence *(il/elle)*, mais tous les mots ou toute une partie des mots. Dans ce cas, les hommes et les femmes utilisent des termes différents, et ne doivent pas employer ceux qui sont propres à l'autre sexe. Ces phénomènes relevés dans de nombreuses langues indiennes ne sont pas réservés à ce genre de communauté, plus ou moins restreinte. On cite souvent l'exemple d'un jeune Américain ayant appris le japonais auprès d'un professeur femme, ou d'une professeur japonaise, se trouvant fort dépourvu à son arrivée au Japon quand on lui fit remarquer qu'il parlait « comme une femme ». Nombre d'anthropologues ont fait des relevés identiques. Les Indiens Gros-Ventre justifient leur adoption de l'anglais (américain) du fait de leur rejet de cette différenciation imposée par leur langue. Les erreurs linguistiques consistant à être violemment mis en cause, puisqu'à l'être dans son identité sexuée[7].

Dans ces langues, dites à différenciation par exclusivité, chaque sexe parle sa langue et comprend celle de l'autre sexe. La langue est comme double et chaque locuteur est bilingue,

---

(6) La corrélation de personne selon BENVENISTE.
(7) Voir article d'Ann BODIN, dans *Parlers masculins, parlers féminins ?*, Paris 1985. Ou « Les femmes et la langue », A.-M. HOUDEBINE, *Tel Quel*, N° 74, 1977.

activement ou passivement, selon qu'il doit (ou non) utiliser la langue de l'autre, ou seulement la comprendre. Les ethnolinguistes, ou les féministes, qui ont mis au jour ces types de structuration, ont souvent noté qu'une des langues, ou une des variétés, était d'un usage dominant, la variété mâle en l'occurrence ; un peu à la façon dont le français « national », senti comme « commun » ou déclaré « parisien cultivé » comme le font certains dictionnaires, domine les français régionaux, les registres populaires ; ou encore comme le français écrit prend souvent le pas sur le français oral, au moins dans l'imaginaire linguistique.

A y regarder de près, les choses sont évidemment beaucoup plus complexes. Selon les discours ou les situations sociales, ou sexuelles, telle ou telle langue, ou variété ou registre, est socialement, conventionnellement exigé(e). Il est souvent possible, linguistiquement, d'entremêler les variétés dans les discours. Parfois, cela est imposé ; plus les langues sont senties comme des codes et utilisées comme si elles étaient des structures closes, figées et non des processus infinis, plus ces impositions sont lourdes. Ce qui est le cas des différenciations sexuées ou sociales dans certains idiomes.

Ainsi en cocama, ou yana, ou japonais (je-mâle : *ta*, je-femelle : *etse* [cocama] ; *boku-atashi* [japonais]). Quand les femmes rapportent un discours d'homme, elles peuvent utiliser la variété mâle. Dans certains cas, ce codage est strictement imposé et le sujet se voit contraint d'employer des pronoms différents selon les relations socio-interlocutoires.

En parlant, il doit utiliser divers *je* selon les statuts des gens en présence ; statuts sociaux au sens large (hiérarchies institutionnelles dues à l'âge, aux rapports familiaux, etc.). Ainsi, en vietnamien, serais-je aujourd'hui pour nombre d'entre vous *la tante (je-tante)* et pour quelques autres *la cousine (je-cousine)*. Rappelez-vous comment était nommé le président vietnamien, l'*oncle Hô ;* terme de respect équivalant à « Vôtre Grâce », comme diraient les Espagnols, soit de *Usted* ou *vous,* ou *lei,* ou *Sie,* etc. *Je-tante* ou *je-cousine,* etc. Ou encore *kimi* : *je-femme* parlant à une *tu-femme ; anata* : *je-femme* ; ou *je-homme* parlant à un *tu*, de l'autre sexe, etc. Morcellement du sujet parlant, morcellement imposé par la langue. Autres identités et sans doute autres représentations de l'identité, voire de la personne. « Méthodes d'analyse, les langues sont du même coup des facteurs essentiels de construction de la personnalité aussi bien pour l'individu depuis sa naissance que pour l'espèce au cours de son histoire[8]. »

Cette diversité des langues se retrouve à l'intérieur même de chaque idiome. Certaines langues structurent leur lexique, leur syntaxe, leurs prononciations, selon de nombreuses variables, témoignant de l'étroite relation sujet/société/langue ; cela de façon plus ou moins rigoureuse, codée, de telle sorte que les sujets peuvent n'en avoir pas conscience.

Qui parlera des traits sexués du français ? Et pourtant certains adjectifs, tels *adorable, mignon, joli joli*, ne caractérisent-ils pas plus un sexe que l'autre ? Oh ! certes, le codage n'est pas strictement imposé. Mais, que le sexe qui n'a pas l'usage privilégié de ces termes les utilise, il flottera dans l'air d'étranges pensées, ou connotations. Il en est ainsi de quelques prononciations, comme de gestes d'épaule ou de reins.

Les traits linguistiques, comme les vêtements ou les postures, les distances d'interaction (HALL) ou les gestes, sont acquis dans la socialité, structurent notre corps, nos personnes, et nous caractérisent, comme autant de marques spécifiantes, indexantes.

Dès le début de ce siècle, l'inventeur de la phonologie, TROUBETZKOY, a décrit une population du Causase utilisant des systèmes de sons différents pour les femmes et les enfants, les adultes mâles et les vieillards. Trilinguisme obligé au fil des années.

Certains sont encore tentés de croire que tout cela est affaire de langue indienne ou caucasienne et ne concerne en rien le français ou toute autre langue dite « grande langue » ou langue de « grande civilisation », non sans orgueil comme vous l'entendez. Ces préjugés doivent être délaissés. Aucune description scientifique ne vient les soutenir : toute langue est un processus ininterrompu tendant à l'homogénéisation des parlers, des idiolectes et à leur stratification différenciée, à leur hétérogénéité.

---

(8) Claude HAGÈGE, *L'Homme de parole*, p. 260. Ce qu'avait magnifiquement mis en évidence BENVENISTE dans l'article « L'homme et la langue » de l'ouvrage *Problèmes de linguistique générale*.

Voyez les différences d'accent, le chtimi, le méridional, etc., autant de variétés des prononciations du français.

Ce phénomène, dit de *variété linguistique*, s'observe dans toute langue et à tout niveau. Entendez, *la clanche, la sinse, la souillarde, aller ou être à une sépulture, brasser la salade* ou *la touiller, la fatiguer*, ou encore *la remuer, la wasingue, faire du shopping, magaziner, la meuf, le tchum*, etc.

Vous vous demandez peut-être s'ils sont tous « bien français » ces termes. Vous en reconnaissez certains, d'autres non. Et pourtant, je peux vous l'assurer : ils sont français, ils appartiennent aux systèmes du (des) français parlé(s), français régionaux ou nationaux ; et j'aurais pu citer bien d'autres exemples.

Ceux qui les utilisent pensent parler français et ce n'est que dans la disjonction de la communication, lorsqu'on ne les comprend pas alors qu'on parle la même langue qu'eux, qu'ils s'aperçoivent qu'il s'agit d'un terme ou d'une expression de français local, familial, régional ou corporatiste, relevant de la classe d'âge, du cadre professionnel ou de la situation discursive entre pairs ou non (cf. *la meuf, le cum*, etc., en style *chébran, branché* ou *verlan*). Si l'on refuse ces termes, si on les corrige dans sa propre parole ou celle d'autrui, si on ne les entend pas, c'est que se met en place une représentation imaginaire, fixiste de la langue, une, belle, voire parfaite, à la Rivarol. Représentation prescriptive et erronée, qui permet de décréter qu'ici est le *bon français*, là le métèque linguistique et, comme avec l'orthographe — représentant « parfait » de cet imaginaire — de classer les sujets parlants, en séparant le bon grain de l'ivraie, les « bons en français », bons Français (?), des « mauvais en français », mauvais Français (?). Vous connaissez tous le rôle de sélection de l'orthographe dans les divers examens, concours, tests de présentation pour la recherche d'un travail, etc.

Or, l'orthographe n'est pas la langue ; elle n'en est que sa face écrite, socialisante, uniformisante, au moins apparemment, car qui connaît l'histoire de la graphie française sait qu'elle n'est qu'un codage polymorphe, truffé de ratures hasardeuses, tout autant sinon plus que de rappels étymologiques. Savez-vous que le *h* de *huit* n'était qu'un signe démarcatif entre *u* et *v* à l'époque où ces deux sons s'écrivaient *v* ? Que la fameuse règle des finales *-ou* devenant *-oux*, ou

-*al* singulier devenant -*aux* pluriel, provient d'une erreur de lecture des copies manuscrites du XVe siècle, les -*x* d'abréviation ayant été mal interprétés puis justifiés par la grammaire ? D'où *chevaux* équivalant historiquement à *chevauus.

Variétés linguistiques — Imaginaire linguistique — Le fantasme de l'UNE langue

Le recours au dictionnaire, à la grammaire, indique clairement le fantasme, par l'usage de l'article défini : *le* dictionnaire, *la* grammaire, alors qu'il en existe plusieurs qui diffèrent, n'enregistrant pas les mêmes usages et ne les analysant pas identiquement. Le temps me manque pour en faire ici la démonstration, mais vous pourrez vérifier ce que j'avance : les dictionnaires varient ; ils introduisent régulièrement des termes, en éjectent d'autres ou certaines définitions, hiérarchisent les usages en registres familier, populaire, savant, etc., à leur façon qui n'est pas obligatoirement la même ; car celle-ci suppose une théorie ou *a minima* une représentation de la langue qui informe la description.

L'étude des changements dans les dictionnaires témoigne d'ailleurs de l'évolution d'une langue pour peu qu'on y prête attention ; mais ils n'enregistrent pas les discours, le lieu même où celle-ci se transforme régulièrement et construit ces convergences dans l'entrelacs des paroles s'unifiant et se singularisant comme paroles de groupes ou d'idiolectes.

Les phénomènes de variétés, de variations, d'évolution s'observent dans toute langue, même dans celles qu'on croit fixes, monolingues ou qu'on tente d'amidonner à grands coups d'académie et de décrets puristes. J'insiste, car dans nul autre pays que la France cet imaginaire prescriptif ne s'affirme autant. Voir les remarques doctes du type : « ils ne savent plus parler » ou « écrire », comme si le français « foutait le camp » ou « s'abâtardissait ». Les métaphores sont éloquentes. Elles n'ont que le mérite de mettre en évidence le désir de fixité, et l'erreur de conception : les langues ne sont pas des nomenclatures figées et parfaites. Elles sont des procédures de symbolisation et, comme telles, approximatives et nécessaires ; nécessaires, elles s'imposent au sujet parlant en le constituant comme tel, parlêtre, semblable à ceux qui composent sa communauté parlante ; approximatives, car le processus de symbolisation, dénomination du réel (jamais atteint comme tel, transformé par les pratiques humaines) relance infiniment la nomination et la signifiance, autrement dit la symbolique des langues. Cela dans les discours, comme dans les rencontres entre sujets et entre langues, à l'aide de démarches précises inscrites dans les langues, métaphores, paraphrases, compositions, dérivations, emprunts, traversées d'une langue dans une autre, etc.

Quelques exemples pour illustrer ces procédures : quelqu'un précédemment a parlé de « cuisiner sa mère » et véhiculait des valeurs (ou sens) de type anthropophagique. Je reprends cet exemple. Ecoutez l'énoncé : « Peut-on cuisiner sa mère sur son enfance, lui demander qui... bref, la questionner jusqu'à la mettre sur le gril ? » J'ai repris les termes, mais le contexte a changé les valeurs, même en filant la métaphore (« mettre sur le gril »).

Professeur-femme, une professeure, sinser, serpiller, nous petit-déjeunons aujourd'hui fréquemment d'œufs et de corn flakes, je magazine dans les rues de Paris ou de Montréal, cette affaire me branche, j'assure !, « je me cinq portes bien » (publicité), « *Y'a le cum qu'a eu la meuf* » (extrait d'un film), etc.

Eléments de corpus où vous entendez rassemblées des procédures de développement des langues : **registres**, familier *(branché)*, jeune *(j'assure*, argot du dernier énoncé); **emprunt**, au québécois *(magaziner)*, à l'anglais *(corn flakes)*, à la langue de la publicité *(je me porte + cinq portes)* qui utilise alors la condensation ; reconstruction d'un terme avec deux autres amalgamés (type mot valise : *famillionnaire* [FREUD]) ; **dérivation**, *professeur + e, petit-déjeuner* comme verbe ; **composition**, *professeur-femme ;* **troncation** *(publicité) ;* **siglaison** (PDG + **dérivation** *pédégère*), etc.

Eléments entre langues : lorsque HEINE veut masculiniser le soleil alors que l'allemand le désigne au féminin *(die Sonne)*, il utilise une nomination, un nom propre, dans une autre langue, romane, pour faire advenir un sens nouveau dans la sienne : *Sol der Gott, Luna die Göttin* ; même procédure inversée pour la lune (*der Mond*, masculin en allemand).

J'ai, pour ma part, employé les paraphrases ou commentaires pour tourner autour des valeurs jacaltec concernant le chien et le bébé, afin de vous les faire entendre en français.

Parfois, l'échange entre langues se produit à un niveau moins manifeste, celui même des valeurs, du procès de signifiance inscrit dans le discours. Ainsi, pour traduire la Bible en eskimo, ou inuit plus justement dit, on ne peut se permettre d'inventer un terme pour rendre compte de l'agneau pascal. Cela ne servirait à rien. Il convient donc de cerner les valeurs symboliques de cette figure de l'agneau : « innocence », « sacrifice d'un jeune animal », « pureté », « victime expiatoire », etc., seront les configurations permettant de rechercher en inuit le mot utile. Avec la campagne de Brigitte Bardot, je crois que nous comprenons tous que le *petit phoque*, terme existant en inuit, pourra jouer ce rôle. Echanges de paradigmes s'équivalant dans la symbolisation du réel, mais non échanges terme à terme : les langues ne sont pas des nomenclatures dont seule la forme change, mais des processus de re-présentation du monde et, partant, des « constructions » de monde possibles, nécessaires et approximatives, comme je l'ai dit plus haut.

Elles s'imposent au sujet et à la communauté humaine qu'elles construisent comme tel(les). D'où l'imaginaire de l'homogène d'une langue dans la langue : idéalisation permettant, favorisant, l'identification à un groupe social, familial, professionnel, national, international (les français de la francophonie, le français québécois, l'hébreu re-faisant nation, etc.) ; ou de l'imaginaire d'Une langue originaire, anticipant un savoir sur l'Humain unifié, en le fantasmant à l'aube du monde, issu d'un couple parental, créé par Dieu, parlant une langue don de Dieu.

Mythe fondateur, rappelant l'idéité de l'être humain. Mythe amplifié par la *reconstruction linguistique*. On appelle ainsi la recherche en linguistique historique, tentant de reconstituer la langue originaire, par exemple, pour nos contrées, au long du XIXe siècle, l'indo-européen (l'indo-germanique comme ont dit les Allemands avec ce fantasme qui les a menés où l'on sait). Sur le modèle familial, généalogique, recherche de l'idiome ancêtre, origine d'où viennent par ramification (dérèglement, désagrégation pour certains) toutes les autres langues. Et voilà de nouveau la métaphore de la déformation, dégradation, abâtardissement, qui se profile. La langue mère étant évidemment (?) la plus parfaite, puisque venue directement (ou quasi) de Dieu. D'où le « pédalage » ou l'embrouillamini pseudo-scientifique quand les chercheurs s'acharnaient à démontrer que l'hébreu était la langue originaire. Aujourd'hui, on sait qu'il n'en est rien pour les origines que nous sommes susceptibles d'atteindre, et le mythe de Babel nous paraît plus proche des vérités linguistiques mises au jour dans ce siècle avec la description des langues sémitiques, indiennes, australiennes, africaines, indoeuropéennes, etc.

Mythe non moins fondateur, celui de Babel. Ce qui spécifie l'être humain est alors moins l'idéité, l'unité que la diversité, l'hétérogénéité ; la diversité langagière symbolisant la diversité des communautés et des sujets.

Car celui-ci comme celles-là se constituent dans un double rapport d'homogénéisation-unification et hétérogénéisation-singularisation-diversification, comme dans la langue, comme entre langues.

Les linguistes, au début de ce siècle, ont plutôt mis l'accent sur l'homogène, l'unité linguistique. En décrivant les idiolectes, et leurs variations, ils recherchaient le permanent sous l'événement, la structure sous le discours.

Et pourtant, chemin faisant, ils ont mis au jour comme jamais cela n'avait été fait la variété d'une langue, l'unité *et* la diversité de cette langue (les langues ou les systèmes de cette langue que j'écrirais volontiers, pour vous faire entendre cette nouvelle conception, *l'unes langues*). D'où la suite descriptive, dite *sociolinguistique* ; la mise en évidence des variétés géographiques, sociales, discursives *(analyses de discours)*, sexuelles, etc., et de leurs traits caractéristiques (leurs indices), quel que soit le niveau linguistique observé, celui des faits, comportements ou productions linguistiques, ou celui des représentations ou imaginaires sur la langue.

Avec de tels principes, la recherche met l'accent sur la découverte des convergences et des divergences d'une langue considérée comme une structure non close, un processus infini de structuration-symbolisation.

D'autres systèmes symboliques, ou plus exactement dit sémiotiques ou « langagiers », peuvent alors être conçus de la même façon. A ce titre, la recherche anthropologique et éthologique vient nourrir la description sémiologique, et l'universalisme humain s'y construit, s'y repère sur fond de relativisme.

De même, l'approche synchronique n'occulte pas la perpétuelle dynamique de la structure, conçue comme une épaisseur multiple, diverse, capable de favoriser les homogénéisations comme les singularisations, les pensers nouveaux comme les plus traditionnels ou les plus transgressifs.

Les langues s'imposent à nous, codent nos représentations du monde, mais ne les clôturent pas définitivement. Au contraire, c'est d'être ces moyens de symbolisation, d'abstraction qu'elles nous permettent de discontinuiser du continu, de tracer, diviser, isoler, nommer des choses, des faits, des actes en tant que symboles. Trait unique (*einziger Zug* selon FREUD), signe de l'humain.

De telle sorte que tout enfant l'acquiert. Nés ailleurs, de parents parlant une autre langue, transportés, socialisés ici, ils adopteront cette langue et se mettront à la parler, à penser avec elle, même si elle n'est pas celle de leur père, car elle sera celle de leur socialisation — humanisation, pour peu qu'on leur parle et qu'on les écoute dans cette langue. Cela avec parfois quelques malaises, du fait qu'une langue, toujours essentiellement *paternelle* ou de la loi [9] quand elle est la langue de l'école, de la socialisation — et non *la langue maternelle*, comme l'on continue à dire dans les pays supposés unilingues, supposés car il n'en existe pas, sauf si l'on appelle *pays* un village, selon la coutume régionale des Français de l'Ouest — une langue donc peut rester accrochée à l'autre langue familiale, devenue minorée, déniée. Mémoire familiale jouant dans l'autre langue à l'insu du sujet et revenant dans ses rêves, ses associations, faisant évoluer la langue devenue la sienne depuis les représentations inscrites dans l'autre.

Entrelacs des langues cette fois, comme des paroles. Avec réinscriptions des traces subjectives, manifestes (jeux de mots, associations singulières, glissements de sens, etc.), ou insues ;

---

(9) Cest par un acte juridique que s'est constitué le fançais ; édit de Villers-Cotterêts, 1537, acte anticipateur puisque alors les différents dialectes se partageaient le territoire. Démarche de reflux et d'anéantissement de ces parlers aboutissant à leur décret d'extermination avec la Révolution française (XVIIIe siècle) et l'instauration de l'école obligatoire, d'où vient la suprématie de l'écrit et celle de l'orthographe (XIXe siècle).

c'est-à-dire d'*un style,* marque même de la personne, pour peu qu'elle accepte de parler ou d'écrire en prenant quelques risques et non en perroquet anonymé, mimant les dires d'un autre.

Je vous parle de style, et autant de style oral que de style écrit. Vous savez bien maintenant que l'écrit ne définit pas la langue, mais l'oral. Or, parler exige sa prise en compte vive, non figée et, partant, l'acceptation de risques. Car parler suppose une non-maîtrise totalisante. Non qu'on ne prépare son intervention, que l'on ne s'assure de notes ou de diapositives, ou de feuilles à projeter, mais que l'on accepte la mise en jeu, que l'on accepte de ne pas lire, de n'être pas le livre que vous écoutez. Ne dit-on pas de quelqu'un qui « parle bien » qu'il « parle comme un livre » ? D'où l'exigence sociale de parler, figé, sans gestes, et la plupart du temps assis, corps absent supposé, et sujet entre parenthèses. Mise en jeu de l'oralité, mise en jeu du je ; risque de trébucher, de lapsus, d'errance : les parenthèses, les détours ; le fil se perd, repart. Risques non sans jouissance : du sujet et de la langue se déploient, s'étonnent, se transmettent par un style, ses traits, ses notes, son chant, « sa petite musique » si vous préférez PROUST.

C'est ainsi que j'ai tenté de vous parler, de vous parler de la langue, dans la langue, de sciences du langage, comme d'autres auraient pu le faire, et en même temps avec la prétention, l'ambition, de le faire comme personne d'autre ne l'aurait fait afin que se transmette ici quelque chose de ce qui m'attache passionnément à cet objet, à ce territoire scientifique — comme diraient certains — je préférerais, à cette aventure.

D'où quelques façons de dire, de faire, de se présenter — je parais devant vous debout et non assise, je ne lis pas de notes, même si je m'assure, me rassure, du rétroprojecteur — quelques notations ou anecdotes... histoire de rappeler que les femmes ne font pas que bavarder et les hommes discuter, que les langues sont faites de variétés, qu'elles ne sont pas l'unité que nous croyons, qu'elles maintiennent en elles des savoirs insus, diffus, qu'on tente d'oublier (par exemple, entendez la filiation maternelle, matrilinéaire inscrite dans le français, dans les noms propres, *Larousse*

[La*rousse], Allaperrine* [à la Perrine], etc.) et qu'elles évoluent sans cesse.

Un dernier exemple. Au début du siècle, *les mémoires* signifiaient « ouvrage d'auteur » et seule *la mémoire* était le terme usité pour décrire le lieu psychique de nos souvenirs. Si je dis ou si j'écris aujourd'hui : « un acte, un film, fait effraction dans la langue pour y inscrire un nom réactivant, revivifiant nos mémoires », vous entendez, j'en suis sûre, qu'il s'agit de chacune de nos mémoires, de notre mémoire, celle de chaque sujet parlant cette langue transgressée, trouée par un nom propre, un nom nouveau, venu d'un film.

Je vais terminer ainsi parce que l'époque est un peu triste. Je parlais de *Shoah*, film de Claude LANZMANN. En faisant allusion à l'évolution constante d'une langue, en rappelant qu'elle encercle nos représentations, mais qu'elle ne les arrête pas puisqu'elle possède en elle des procédures de non-clôture, de telle sorte qu'un événement, fût-il un acte subjectif, peut y introduire un mot nouveau. Or, toute entrée nouvelle transforme la structure, redéploie les nominations, les signifiances. Surtout s'il s'accompagne de procédures de représentation autres. Ce que fait toute réelle création, n'est-ce pas ?

C'est bien là l'effet que produit le film *Shoah*, introduisant le nom *Shoah* en français et par là le nom *shoah*, devenu utilisable dans les discours ; d'où l'adjonction du déterminant *la*, marquant l'intégration dans le système du français, soit *la shoah*. Et voilà repoussées certaines visions sacrificielles, sensibles dans le terme *holocauste*, et que s'entend radicalement autre, unique, ce qui se désignait comme *génocide, extermination, destruction des Juifs, crime nazi*, ou encore venu de ce lieu même où fut tenté l'anéantissement d'un peuple, d'une civilisation : *Auschwitz*.

Shoah, et *la shoah* inscrivent que la barbarie n'a pas triomphé ; que la valeur de sacrifice, ou de rédemption, contenue dans *holocauste* peut se laisser tomber : rien ne s'origine de rédempteur pour l'humain dans ce crime ; rien de naturel non plus : *Shoah* repousse le terme de cataclysme, voire d'*apocalypse* ; le monde ne finit pas là ; et *génocide* s'utilisera pour d'autres meurtres humains puisque apparemment l'humanité en est friande ; autant le savoir.

Venu de la langue du peuple que les nazis voulaient exterminer et d'un geste singulier, l'œuvre d'un auteur, d'un homme, alors qu'ils massifiaient les humains, qu'ils les traitaient en marchandise, en objet, masse de riens[10], *Shoah* réinscrit dans le français une étrangeté, une coupure permettant de penser autrement l'abomination puisque cernant cet impensable par une nouvelle nomination : *Shoah, la shoah*. Alors les mémoires peuvent entendre, et les bouches re-parler, comme en témoignent les survivants, dans le film et après (courrier à C. LANZMANN ou témoignages personnels reçus).

Réouverture des signes, des significations, avec un acte singulier, un style.

Ce que j'ai tenté, à ma façon, devant vous, avec vous, pour vous parler de la diversité langagière peut être, mais sans aucun doute de ce qui fait l'objet de ma passion : la langue.

---

(10) Voir *Shoah* le film, et *Shoah* le livre, Claude LANZMANN, Fayard, 1985, préface de Simone DE BEAUVOIR.

DISCUSSION
(Modérateur : Michel BROSSARD)

Michel BROSSARD. — Je vois déjà un thème de débat possible : celui de l'entrée de l'enfant dans la langue. Un ensemble de recherches, par exemple aux États-Unis avec BRUNER, tente de comprendre comment l'enfant construit les savoirs communicatifs au cours de la première année, de la même façon que PIAGET s'est demandé comment l'enfant construit sa connaissance du monde. Peut-être l'approche ontogénétique permettra-t-elle de situer des niveaux et de dire où il y a communication, où il y a déjà conduites langagières et comment ces conduites langagières sont signifiantes.

Question : Pouvez-vous préciser ce que vous entendez par « signifiant » et, dans la mesure de l'importance de l'emploi de ce terme en psychanalyse, les rapports pour vous entre linguistique et psychanalyse ?

Anne-Marie HOUDEBINE. — Une petite remarque sur « signifiant » et « signifiant ». Il est important que cela soit dit. Le signifiant lacanien et le signifiant saussurien sont purement homophones, simplement homophones. Entre SAUSSURE et FREUD, cela me paraît un petit peu plus compliqué : le fils de SAUSSURE est devenu psychanalyste et il me semble que les choses se construisent indépendamment des citations.

Sur la différence sexuelle, et la différence sexuelle dans la langue, telle que les analystes l'entendent ou telle que les linguistes la décrivent, il est vrai que c'est éminemment compliqué et qu'on ne pourrait pas faire une causalité mécanique. Je voudrais seulement citer à propos de *die Sonne* l'acte de HEINE. J'ai une association immédiate, alors je vais faire un peu comme cela, freudiennement : c'est vrai que FREUD écrit en allemand, peut-être que cela lui donne la connaissance de deux langues sur la métaphore ; et puis, du fait qu'il écoute les paroles à travers l'allemand, le français et d'autres langues, il s'est décollé de sa langue à écouter les paroles, mais HEINE qui veut faire rentrer une autre métaphore dans l'allemand est obligé de dire « la soleil », « le dieu », *die Sonne, der Gott*, et pour ce faire, cela me paraît très lacanien, il renomme le soleil *die Sonne* (*sol* latin) *der Gott*, c'est-à-dire qu'il passe par le *Nom du Père*.

Jean-Paul MICHEL. — Je voudrais dire le sentiment de ma relative étrangeté aux discours qui viennent de précéder l'intervention qu'on me demande et dont je suis très flatté mais dont je ne suis pas sûr qu'elle réponde exactement aux attentes que l'on pouvait placer en elle. En cela que l'objet qui est le mien ne me semble pas exactement être de l'ordre de la communication, et je crains de devoir vous faire défaut une fois de plus. J'étais assez proche du sentiment de Patrick LACOSTE lorsqu'il disait que cet objet-là n'était peut-être pas du tout des faits du langage, et que les faits du langage n'étaient peut-être pas abordés dans leur tout par ce que nous avons pu entendre, ce qui était par ailleurs fort savant et suggestif ; et j'ai le sentiment d'avoir affaire à un objet obscur lorsque nous entendons beaucoup de choses claires sur un objet malcommode, peut-être fort peu pacifique, alors que nous avons entendu des propositions somme toute courtoises dans lesquelles l'ouverture à autrui, l'aptitude de l'accueil de l'un par ce que l'autre pouvait avoir à lui proposer, etc., ouvre un espace social très apaisé, très pacifié et très heureux, sans pour autant qu'il ait lieu. Mais cet espace n'est pas celui auquel j'ai affaire et celui de ce que je connais le mieux et qui est celui de l'art. Ce qui me saisit d'abord, c'est la formidable étrangeté de ce que sont les procédures de la production d'art, de la mise en œuvre de leurs effets, et ce symptôme de quasi-autisme, qui semble immédiatement le fait de la production d'art que nous connaissons, mais qui n'est pas quelque chose d'absolument moderne, de simplement contemporain ; et ce qui me frappe, c'est ce qu'il y a de désespéré et de violent dans ce que met en œuvre la production d'œuvres qui ne sauraient, me semble-t-il, en aucun cas se ramener à des énonciations, avec ce que cela suppose de décodage possible ou de simple

mise en œuvre de procédures de relation. Ce qui me frappe dans la langue, telle qu'elle vient d'être décrite, c'est que l'on n'y parle jamais de ce qu'il y a en elle de désespéré dans son effort de conjuration du réel, et de pathétique dans les différentes procédures, toutes efficaces mais à quel prix, de mise en œuvre de différentes simulations de langage dont les clés sont livrées en même temps que les effets garantis, et dont j'ai le sentiment qu'elles sont toujours pourtant un peu à côté de leur objet, qui n'est pas un objet d'ailleurs, et qui est une relation encore plus pathétique et encore plus désespérée aux réalités. Ce qui me frappe, c'est la sauvagerie qui est ordinairement le fait de l'affirmation d'art, son caractère peu social, son caractère totalement non pacifique et le hiatus qu'il y a entre, d'un côté, toute cette violence et, de l'autre, toute cette paix des signes. De telle sorte que lorsque je pense au langage, ou disons à la chose écrite, je pense plus spontanément à MALLARMÉ ou à BAUDELAIRE, qui a été son maître, ou à POE qui était le maître de BAUDELAIRE, et à ce qu'ils disent qui est extrêmement archaïque concernant le fait de l'écriture. Et cette chose extrêmement archaïque, sans aucune espèce de progrès, au moins quant à son fond, disons depuis le Magdalénien, cette chose extrêmement archaïque, c'est que l'essence de l'écriture, c'est de la sorcellerie à entendre littéralement. C'est-à-dire un sol frappé en cadence pour essayer d'instaurer un rythme à partir duquel on puisse accrocher quelque chose d'un tant soit peu stable dans les relations des hommes au monde, et je vois que l'art continue à réitérer archaïquement cette procédure sans progrès. Alors que dans l'ordre de la compréhension des mécanismes et des structures des différents systèmes articulés dont nous disposons, nous savons toujours davantage de choses, peut-être parce que nous opérons une formidable mise entre parenthèses d'autre chose. En ce qui concerne le langage, je pense spontanément à MALLARMÉ ou à BAUDELAIRE, à cette expression véritablement étonnante chez un fonctionnaire de la République au XIXe siècle, monsieur Stéphane MALLARMÉ, professeur d'anglais, qui écrit : « Toute l'écriture est de la sorcellerie. » Si vous lisez BAUDELAIRE, il écrit littéralement : « L'enjeu de la production écrite n'est jamais que celui d'une production magique », à entendre littéralement, sans romantisme magicien, plutôt avec le désespoir de n'avoir d'autre recours que celui des techniques de la suggestion, de la faculté de susciter un effet improbable, à la limite toujours sur le mode d'un pari perdu d'avance. Et on ne rencontre là que des gens qui ont affaire d'une manière totalement désespérée à des techniques de conjuration et d'invocation auxquelles ils essaient de garder une certaine efficacité.
Si je comprends bien, à l'origine de la conjuration et de l'invocation, il n'y a jamais que de la peur et peut-être que tout cela, ce

ne sont que des techniques de la suppliciation ou de la suppliciation. De cela on n'en parle pas dans les universités où on parle de la communication, et c'est ce qui fait que, aussi intéressé que je sois comme sujet écoutant, je crois profondément que d'autres enjeux organisent les principaux objets du langage humain. Alors tout cela se ramène à quoi ? A une sorte de coup de force un peu désespéré qui est celui de la tentative de substituer (avec ce que cela suppose de violence et de tentatives de l'imposer sans condition) une forme d'art à des fatalités de nature. Et ce que je reproche au fond à tous ces débats concernant la communication, c'est cette sorte d'occultation majeure, principielle, de toutes les procédures qui appellent véritablement l'art comme une fatalité humaine ; la fatalité contre la fatalité, la fatalité d'art contre les fatalités de l'espèce. Ce n'est que sur ce fond d'occultation majeure que l'on peut organiser, selon des procédures de production, dans le sens clair et pacifique, des figures qui demeurent des structures d'art, mais des structures d'art aisément socialisables. Et le sentiment qui est le mien, ce n'est pas du tout que l'œuvre d'art est une œuvre de communication, c'est que les œuvres de communication sont des œuvres de l'art, mais les plus pauvres, celles que l'on peut le plus aisément communiquer le mieux, le plus petit commun dénominateur des pauvres gens, par ailleurs apeurés et suppliants que nous sommes. De telle sorte que je ne vois dans l'affirmation d'art que quelque chose qui procède d'une violence sans aucune espèce de souci de l'écoute, mais en revanche avec le furieux besoin de s'imposer contre l'écoute ou la non-écoute ; de telle sorte que les langages savants sont une petite part de notre pouvoir de conjuration et de rationalisation. Mais je résiste assez spontanément, fortement, à l'idée de ramener les œuvres de l'art à des vecteurs pour la communication. Vous savez, j'aime beaucoup une définition qui me semble assez bien résumer tout cela et d'une manière beaucoup plus belle, c'est la réponse que faisait KAFKA à la question qu'on lui posait concernant ce qu'était la fonction de la littérature, c'est-à-dire l'art en général. Il répondait : « La littérature, c'est la hache pour briser la mer gelée en nous. » Vous voyez qu'il y a là assez peu de place pour beaucoup d'espoir de paix, de sens, d'accueil, de gentillesse, et dussé-je vous décevoir, c'est de ce côté-là qu'il me semble y avoir un peu de vérité quant à ce qu'est l'essence de tous nos systèmes de signes et quant à ce qu'est la véritable fonction des figures que nous jouons contre le monde, ou plutôt contre le rêve, pour faire un monde dans lequel nous nous sentions un petit peu moins gelés.

Michel BROSSARD. — Je remercie Jean-Paul MICHEL pour son intervention percutante. Je crois que la salle aura pris la mesure de la polyphonie qu'il y a à cette table, c'est-à-dire quatre praticiens et quatre pratiques différentes. Je pense que, s'il doit y avoir malgré tout dialogue, s'il doit y avoir malgré tout interaction, chaque praticien ne doit pas poser *a priori* que sa pratique est fondatrice, qu'elle est au fondement du reste et que la pratique de l'autre n'est que superficielle. J'aurais du mal à admettre des degrés de hiérarchie par rapport à l'activité de l'écrivain par exemple. « Là aussi sont les dieux », disait HÉRACLITE.

Edgard PICCIOTTO. — Cela me permet d'ajouter une chausse-trape à ce débat, Madame la conférencière ou Madame le conférencier, peut-être Monsieur la conférencière, j'aurais voulu insister sur les charmants exemples que vous nous avez présentés dans cette mignonne brochette avec laquelle vous avez débuté, et je me réfère à votre citation « le Soleil se lève », et vous nous avez demandé : « Sommes-nous au XIIe siècle, au XIIIe siècle ? » Alors je voudrais relativiser : seuls les physiciens présents saisiront cette connotation un peu fermée. Je voudrais donc relativiser dans le temps et je pourrais vous dire : « Nous sommes au XXIIe siècle », en extrapolant un petit peu et en imaginant les leçons de physique qu'auront nos arrière-arrière-petits-enfants à qui l'on dira avec un sourire moqueur ou indulgent : vos arrière-arrière-grands-parents avaient pris à la lettre des modèles (n'y voyez aucune atteinte à la mémoire de COPERNIC, de GALILÉE ou de KEPLER), avaient pris au sérieux des modèles, des artifices de calcul et croyaient et enseignaient sérieusement avec un aplomb dogmatique, difficilement admissible aujourd'hui, que la Terre tournait autour du Soleil. Alors que, à cette époque-là certainement, en classe de physique, en terminale ou même avant (il est évident que les leçons de physique seront fondées sur la petite relativité, et le fait que la Terre ou le Soleil se ressemblent est incontournable), on apprend bien que le Soleil tourne autour de la Terre. C'est un point de référence, c'est tout, mais il est vrai que les calculs sont plus faciles si vous admettez que les planètes tournent autour du Soleil. C'est un point purement arbitraire. Je voulais souligner cette relativisation dans le temps, et peut-être que là on crée aussi ; et si la langue impose une certaine vision du monde, il est possible que notre vision du monde dérive de la science et peut aussi réagir et imposer certaines structures langagières.

Anne-Marie HOUDEBINE. — Je vais dire pourquoi j'ai pris cet exemple, évidemment très classique, parce qu'une fois, en visitant une classe de CP, un petit garçon a fait une remarque à la maîtresse qui me disait : « Celui-là est toujours dans la lune », il a dit : « Pas du tout », alors elle a dit : « Pourquoi ? » Il a répondu : « C'est ARMSTRONG qui est dans la lune. » Et j'ai dit à la maîtresse : « C'est vrai ! » Voilà le rapport avec la pratique sociale. Effectivement, vous avez tout à fait raison de nous informer de nos incompétences, et la mienne là-dedans transparaît. Je crois que cela va vraiment dans le sens de la poule et de l'œuf, c'est-à-dire que l'on ne sait vraiment pas, à ce moment-là, ce qui informe la langue. Je dis la langue au sens absolument technique, c'est-à-dire la façon dont le réel est catégorisé, et pas seulement nos paroles qui peuvent faire effraction même à ces catégorisations. En tout cas, c'est ce que j'ai essayé de montrer sans pouvoir absolument oser répondre quoi que ce soit à la personne qui est à côté de moi. Je dirai que c'est aussi pourquoi j'avais tenté de montrer l'humilité du linguiste devant la poésie ou l'humilité de *la* linguiste devant la poésie. Au fond, c'est aussi ce que j'essayais de faire passer avec la leçon de FREUD qui disait à l'analyste d'aller lire la littérature pour entendre un peu plus que lui n'entend parfois.

Jean-Paul MICHEL. — Je voudrais dire un petit mot à ce propos : j'ai bien prêté attention à votre discours auquel je ne reproche rien si ce n'est de ne pas parler du tout de l'objet qui n'est pas exactement celui qui était le vôtre. De telle sorte que je ne vois pas qu'il y ait lieu de vous en faire un reproche technique, mais vous avez dit à un moment ceci, qui est par ailleurs vrai d'un point de vue technique de détail, à savoir que le langage qui était spontanément celui de la littérature, par opposition à la conceptualité droite qui conduit du sens linéaire effectuable, et dans la décidabilité de chaque proposition, ne pose aucun problème particulier. Vous avez dit que le langage de la poésie comportait certaines plages associatives dans lesquelles pouvaient se produire des effets de halo ou d'appel, ou encore de réseau...

Anne-Marie HOUDEBINE. — Y compris le langage du quotidien.

Jean-Paul MICHEL. — Oui, mais ce n'est pas de la polémique. C'est simplement pour préciser que si évidemment tout ce que l'on peut dire de ce côté est vrai, le sentiment qui est le mien, et antérieurement à toutes ces distinctions, est beaucoup plus radicalement malheureux, si vous voulez. Et c'est ceci : je pense qu'y compris une proposition scientifique bien formulée et des relations de sens produites, vérifiées, soumises à l'expérience, etc., tout cela ne procède que d'un effort poétique, et d'un effort poétique de fond, qui renvoie sa véritable origine et ses véritables enjeux dans une sorte de zone obscure où se constituent précisément sa clarté et son pouvoir de démonstration et d'induction. Si bien que mon sentiment premier est que le poétique n'est pas quelque chose qui doit être entendu comme la revendication d'un mérite, mais plutôt comme la constatation d'un effet des conditions de la production du sens dans l'humain. C'est la totalité des systèmes de sens qui relève de la poésie et non pas la poésie d'un petit système de sens parmi d'autres. Cette proposition n'est d'ailleurs pas originale. Elle est simplement fondatrice, dans un sens encore une fois qui n'exclut pas la pertinence de toutes les autres approches, elle est pertinente en ce sens qu'elle concerne le système général des relations de l'humain au réel. Et il y a aussi une magnifique petite phrase de MALLARMÉ concernant les relations sociales dont il dit qu'elles sont une catégorie des belles-lettres, et que je ne résiste pas au plaisir de vous lire : « Le rapport social et sa mesure momentanée, qu'on la serre ou qu'on l'allonge en vue de gouverner, étant une fiction, laquelle relève des belles-lettres à cause de leur principe mystérieux ou poétique, le devoir de maintenir le livre s'impose dans l'intégrité. » Si vous acceptez cette idée que le rapport social en vue de gouverner est une fiction dont il tire son origine, laquelle relève des belles-lettres, alors les catégories du poétique ne sont plus des catégories locales et je pense que M. PICCIOTTO est un poète *(applaudissements)*.

Question : J'ai quelque difficulté à intervenir sur ces propos théoriques après le discours très vital que vous avez entendu, mais il m'a enchanté, surtout par la parodie de la technologie du langage de DEVOS où il parle de *rien*. Mais Mme HOUDEBINE s'est comportée en homme de terrain, et je pense à la réflexion d'un de mes amis, confrère spécialiste en théologie et psychologie, l'abbé ORAISON, qui disait : « Le terme homme embrasse toutes les femmes. » Je voudrais maintenant faire une remarque : en vous écoutant, je pensais à une étude d'Edgard MORIN sur les petites histoires de *France-Soir*, qui visait notamment le phénomène du déclenchement ; c'est-à-dire, quand vous racontez une petite histoire à quelqu'un, vous le lancez sur une piste et puis, tout d'un coup, en cachette, vous déclenchez, et vous jouez sur l'ambiguïté du langage, l'ambiguïté des mots, la multiplicité des connotations. A ce moment-là, vous provoquez le rire. Alors je demanderai à Mme HOUDEBINE quelle comparaison elle peut émettre, quelle application elle peut trouver dans les relations entre la technique du langage et l'humour. Et puis, deuxième direction, on a parlé des intonations, du ton de la voix, et pas tellement du rythme. J'appartiens, par mon père, à une famille normande, et par ma mère à une famille girondine, donc du Nord et du Midi. En Normandie, j'entends dire : « Je vais à la boulangerie » ; en Gironde, on dit : « je vais à la boulaangeriie ». Ce n'est pas seulement une intonation, il y a un rythme : dans un cas, vous avez trois brèves et une longue ; dans l'autre cas, une brève, une longue, une brève, une longue. Je vous demanderai quel rapport vous voyez entre le rythme et le langage. L'aspect rythmique du langage me semble important.

Anne-Marie HOUDEBINE. — Les linguistes ont peut-être de l'humour, mais dans leurs travaux linguistiques cela ne se voit pas beaucoup. En particulier, je me rappelle d'une époque très générativiste où il fallait avoir le cœur bien accroché pour faire de la linguistique et où il ne fallait pas du tout avoir de plaisir du texte ou de désir de la langue. C'était d'autres désirs qui passaient. Il y a eu un bel article de Blanche GRUNIG qui disait comment elle prenait du plaisir avec les formules générativistes et surtout avec le fait que cela ne servait à rien. Elle avait le mérite de le dire, c'est-à-dire de l'illustrer. Les linguistes sont comme les autres, obligés de maîtriser absolument le petit bout qui échappe encore et, donc, l'humour y compris. Alors, on voit fleurir des thèses sur DEVOS, ou bien sur les procédés d'humour. J'ai un étudiant qui travaille en ce moment sur ces jeux. J'en suis un peu gênée ; je le dis aux étudiants : il est ennuyeux d'avoir choisi un tel sujet parce qu'il va falloir écrire, à un moment, que la linguistique ne peut pas expliquer cela. Elle n'a pas prétention à dire le tout sur le tout. Sur l'humour maintenant, je pensais à une phrase de KANT : « Le chien n'aboie pas. » Le mot « chien » n'aboie pas. Eh bien, l'analyse linguistique ne fait pas rire, c'est-à-dire c'est autre chose. Enfin, une toute petite remarque sur l'intonation : j'ai rapproché les tons du chinois des phonèmes, c'est-à-dire /p/ /b/, etc., pour montrer que c'était de la structuration discrète, discontinue. On ne peut pas faire plus ou moins un ton haut ou un ton bas, c'est-à-dire que même si on le fait, la langue l'interprète comme discret. L'intonation, elle, n'est pas de l'ordre du ton. Elle reste quelque chose de l'ordre de ce que l'on peut appeler le geste dans la langue. Il est vrai que certaines langues catégorisent un peu plus l'intonation que d'autres. C'est le cas de l'anglais, c'est le cas des Méridionaux par rapport aux Français du Nord, etc. Quant au rythme, je crois que c'est un peu comme l'humour. Il est vrai qu'HÉRACLITE a dit que le rythme était la chose la plus importante et qu'« au début est le rythme ». Alors, moi, du rythme du début, en tant que linguiste, je ne peux pas dire grand-chose, même s'il y a des phonéticiens qui essaient aussi d'analyser cela. Peut-être que la musique et la poésie en disent plus sur le rythme.

Question : Je voudrais faire une remarque sur le concept de l'information. Au cours de ce colloque « Langages », nous avons pu tester le concept d'information au niveau de la cellule, de l'animal, de l'homme bien sûr, et je suppose que de même on va en parler en termes d'informatique. Je voudrais faire remarquer, sans être physicien moi-même, qu'à l'heure actuelle, les astrophysiciens prononcent aussi ce terme d'« information ». Mais qu'est-ce qu'il y a derrière ? Il faudrait peut-être qu'ils parlent ; mais, semble-t-il, à partir de termes généraux comme « propriétés combinatoires, propriétés émergentes », ils arrivent assez vite à dire que la nature est structurée comme un langage. Qu'est-ce que ce langage ? Pour préciser ma pensée, je voudrais simplement citer un éminent conférencier qui a parlé ici même au cours du colloque sur « Les origines », M. Hubert REEVES, qui a dit dans *l'Heure de s'enivrer :* « L'organisation suppose l'information préalable. » Où était cette information ? Dans le chaos ? Et, plus loin, il ajoute : « La nature s'est structurée comme un langage. » Or, vous le savez bien, la nature pour beaucoup d'hommes, c'est une forme de paix, de joie, que n'a pas toujours la société humaine. Je voudrais avoir votre sentiment là-dessus.

Edgard PICCIOTTO. — Bien que ce soit là la réflexion d'un très grand physicien théoricien pour lequel j'ai beaucoup d'admiration, cette phrase de lui le fait finalement transparaître aussi. Je crois que nous pouvons l'applaudir. Des angoisses du physicien et de ses interrogations, de toute évidence il ne s'en cache pas, et il passe la barrière entre la physique et la métaphysique d'un pas allègre, qui fait d'ailleurs son charme. Pour avoir souvent discuté avec lui, je comprends ce passage, mais cette rigueur et cette objectivité qui sont la règle de la démarche scientifique font que nous avons une certaine résistance en général, en tant que physiciens, à penser cette langue. Arrivé à ce principe unificateur, dont parle le père ROGER, je ne veux pas aller plus loin parce que je pense que ma démarche n'a que le pli scientifique. Mais l'ensemble de la science, effectivement, dramatise actuellement le monde. Je pense au philosophe le plus profond à l'origine de ce mouvement, qui me semble être HEGEL, qui transforme cette idée que cette dialectique va de l'esprit, qui pour nous est l'Univers, en évolution constante et en contradiction constante avec lui-même, et de cette contradiction sort à tout moment une synthèse : c'est l'ensemble des êtres et de l'Univers. Effectivement, la physique moderne se rallie à cette façon de voir mais outrepasse ses limites et ses droits. Alors, pour répondre à cette question de façon plus précise, je pense que l'Univers est sorti d'un chaos non primordial (on ne sait pas ce qu'il y avait avant), qui s'est organisé spontanément. Je comprends la phrase de REEVES, elle est importante parce qu'elle présuppose un organisateur préalable au chaos. Des esprits beaucoup plus subtils et plus profonds, plus compétents que moi ont traité cette question, notamment un illustre collègue de l'université de Bruxelles, prix

Nobel, qui parle de structuration spontanée du système chaotique... Et je pense que REEVES sert ces lois ; elles doivent être inscrites quelque part dans l'esprit du physicien, elles ont dirigé la structuration du cerveau et se réduisent finalement à très peu d'énoncés (ce qui est évidemment très réjouissant pour un physicien théoricien) et à un petit nombre de nombres entiers qui sont les constantes de ces interactions primordiales. Voilà, cela réjouirait certainement PYTHAGORE et les pythagoriciens, je pense *(applaudissements)*.

Jean-Paul MICHEL. — Puisque je suis quand même ici dans la peau de celui qui agite des spectres pas rationnels pour deux sous, je dois dire que mon assentiment est absolument total. Nous avons besoin de sciences positives, dans le sens le plus borné qui soit, qui définissent leurs objets, qui arrêtent leurs lois, qui fassent des efforts pour constituer d'une manière ferme tout ce qu'elles peuvent saisir fermement, mais c'est ce qui fait leur prix et nous n'avons rien de meilleur, si ce n'est du trouble à opposer à cela. D'ailleurs, j'ai été également très heureux d'entendre Mme HOUDEBINE dire : « Après tout, précisément parce qu'elle est soumise aux mêmes exigences, la linguistique n'a pas réponse à tout », et peut-être qu'elle n'a rien à dire sur des choses pourtant aussi caractéristiques du pouvoir de suggestion et de production d'effet à distance : l'humour ; ou bien, choses encore plus fondatrices sans doute, comme cette question du rythme. C'est vrai que toutes les fois où nous essayons de revenir à ce qui est véritablement fondateur, nous sommes sans voix. Quels sont les éléments dont nous disposons pour penser ? Qu'est-ce que le rythme ? En renvoyant à ce que nous avions dit l'année dernière sur « Les origines », quels sont les premiers éléments dont nous disposions anthropologiquement, qui puissent nous apparaître comme des éléments plus ou moins rythmés ? Si je ne m'abuse, et sauf si l'on a découvert quelque chose entre-temps, ce sont ces segments d'os sur lesquels figurent des coches et des petites incisions qui par leur régularité montrent qu'on distingue au moins deux temps : celui de la coche et celui du vide entre deux coches. Qu'est-ce que l'essence du rythme ? C'est un principe de distinction, de valorisation différenciée : c'est cela la cadence. Maintenant, la mise en œuvre au-delà de ces éléments véritablement décevants et pauvres du rythme comme distinction de l'intensité, comme valorisation différenciée de points réels, que ce soit dans la mise en œuvre du discours articulé ou dans la danse, ou dans la musique, ou dans la cadence qui fait le vers, dans la poésie selon MALLARMÉ, ou en anthropologie pour essayer de nous y retrouver avec ce qu'on a appelé des calendriers ou des repères, des techniques de repérage ; dès que nous sommes devant l'essentiel, il faut bien avouer que nous sommes fort démunis. Et je suis très heureux de voir que chaque science essaie de constituer son domaine avec le plus de netteté et de fiabilité possible. Il ne s'agit pas de tenir ici des discours irrationnels. Tout le contraire. Je crois que la poésie a besoin que la science fasse son travail et c'est en cela qu'elle sera une part efficace de la poésie, au sens où, par là, il faut entendre toute organisation humaine.

Max DE CECCATTY. — Je voudrais répondre en une phrase à l'interrogation qui a été lancée sur la langue cellulaire structurée comme un langage. Un physicien a répondu et je prends le relais comme biologiste. Cela ne peut pas être acceptable pour un biologiste pour la raison suivante : c'est que cela ne veut pas dire aussi que le langage est structuré comme la nature. Le langage n'est pas quelque chose de naturel. Il faut absolument se rendre compte qu'il y a une confusion des genres. Je pense que le langage entre dans le cadre d'un système de communication. Vouloir éventuellement enfermer le langage dans une structuration de lois à prétention universelle ou naturelle, je ne sais pas si c'est une erreur ou une vérité, mais en tout cas c'est littéralement le réduire, nous en avons tous fait l'expérience. Alors, je rejoins le poète, je rejoins l'écrivain et, en même temps, le scientifique qui a toujours été embarrassé quand on lui mettait sur le dos des responsabilités qui dépassaient celle de la nature. C'est quand on a voulu sauver Dieu en pensant qu'on allait le retrouver dans les lois scientifiques (ou « Dieu n'existe pas » ou, s'il existe, « c'est le réduire aux lois de la nature ») qu'on en a fait peu de choses, aussi intelligente que soit la nature. Donc, cette formule peut dire que peut-être cela s'est structuré selon un certain ordre que l'on retrouve actuellement dans la nature, mais le langage va bien au-delà ou alors il y est complètement inconscient.

Michel BROSSARD. — Et peut-être faut-il faire aussi la part de l'esprit de facétie qui est celui de REEVES. Parce qu'il me semble que lorsque REEVES écrit : « La nature est structurée comme un langage », il a quelqu'un dans la mire et qu'il s'amuse. Peut-être ne faudrait-il pas trop tomber, un peu benoîtement, dans ce qui est une façon pour lui de jouer, en remettant en jeu des énoncés eux-mêmes suffisamment codés pour qu'on puisse y percevoir un peu d'humour.

Question : Quant à dire que le langage se ramène à des déterminations naturelles, cela me semble impossible à soutenir...

Edgard PICCIOTTO. — Je voulais me renseigner sur cette question soulevée par le père ROGER. Je vais faire le biologiste, sortant complètement de ma compétence, à propos du rythme, qui me paraît un élément essentiel de la poésie. Mais enfin, est-ce que c'est un lieu commun ? Je m'étonne que personne ne l'ait soulevé ; cette attirance et cette séduction du rythme, nous ne pouvons pas les enraciner pour trouver une source biologique, physiologique, dans certaines horloges, battements du cœur, respiration, galop du cheval, etc.

Jean-Paul MICHEL. — C'est métaphoriquement toujours ainsi que l'on a parlé du caractère du rythme dans la poésie. On a toujours dit son aspect pulmonaire, cardiaque, respiratoire, le fait que le rythme de la phrase était donné par le pas du marcheur, le débit par la cadence pulmonaire, etc. On a toujours recours à cela sur un mode métaphorique, et moi, je serais personnellement extrêmement intéressé par des investigations de praticiens du rythme respiratoire, si la chose était possible, ce que j'ignore...

Michel BROSSARD. — Il ne faudrait pas oublier l'activité sociale. Le travail en commun qu'il fallait scander d'une certaine façon. Je crois que tout cela n'est pas uniquement biologique, et la tension sociale me semble avoir une importance en ce qui concerne la tension du langage qui ne doit pas être certainement négligée.

Anne-Marie HOUDEBINE. — A propos du rythme, je voudrais rappeler que quand les phonéticiens essaient de travailler dans certaines langues où l'accent revient plus régulièrement, ils font comme devant tout objet de science, c'est-à-dire que le rythme devient un conglomérat de facteurs qu'ils vont essayer de séparer. Ils vont travailler sur le débit, sur la densité, sur l'accent, sur la hauteur. C'est-à-dire que le rythme en tant que tel deviendra un système de structurations qui seront déployées pour être une à une étudiées. C'est de nouveau une construction. Parlons-nous de la même chose quand nous parlons du rythme en phonétique, du rythme en poésie, etc. ?

Question : Je voulais reprendre certains éléments du discours d'Anne-Marie HOUDEBINE en référence au travail de BARTHES. A aucun moment du texte, il n'y a d'adjectif, de participe, de sorte que le *je* est masculin ou féminin. Et pour revenir sur ce drame que peut être la littérature, et tout le travail d'un Roland BARTHES à ce sujet, je veux rappeler que de ce drame naissent le bonheur et tous les manques de la langue.

Question : Deux remarques. L'une à propos du rythme et de la communication. Il a été dit à propos des cellules que les messages pouvaient varier selon l'intensité, selon la fréquence, et j'ai fait partie des gens qui, tout à l'heure, en réponse à l'exposé de Mme HOUDEBINE, ont manifesté une satisfaction à augmenter peut-être le rythme et la fréquence des applaudissements. C'est ma première remarque. L'autre : il a été souvent fait référence aux lois de la psychanalyse et je voudrais savoir si les linguistes se posent la question de savoir si le discours qui est produit par l'analysant, qui n'est pas destiné à communiquer quelque chose, est présent lorsque vous tirez de ce discours-là des enseignements pour savoir comment les gens communiquent et comment ils se servent de la langue pour communiquer ?

Anne-Marie HOUDEBINE. — Si j'ai bien compris, vous disiez que les linguistes pouvaient parfois utiliser le discours des analysants pour en faire quelque chose. Ce que je sais pour ma part, mais je ne peux pas avoir prétention à répondre pour tous les linguistes, c'est qu'une partie des linguistes travaillent de façon assez éloignée de la psychanalyse. Je me rappelle LACAN racontant qu'il avait rencontré CHOMSKY et disant que c'était quelqu'un qui vraiment ne savait pas grand-chose sur la langue, ce qui avait fait quelques ravages parce qu'étaient présents des générativistes lacaniens. C'était donc un peu problématique. Mais en fait, le linguiste ne doit pas utiliser le discours des analysants, et pour cause : il n'y a pas ici beaucoup d'analystes « américains », je crois, qui ont le magnétophone branché. Les linguistes, ceux qui décrivent des langues non encore décrites, décrivent des langues et ce n'est déjà pas très simple. Il y a plein de choses qu'ils ne savent pas, donc ils essaient de mettre en boîte ce qu'ils savent et vous le communiquent parfois. En revanche, les interactions discursives du discours pathologique ou des aphasies, c'est-à-dire le rapport patient et médecin, psychiatre et patient, ont été très souvent étudiées, soit du côté de la linguistique pour regarder la grammaire (de l'aphasie), soit du côté de la psychiatrie, ou bien aussi du côté interactif. Aux États-Unis comme en France, on a beaucoup d'études sur des diagnostics ou sur des entretiens préliminaires avant la position du diagnostic, etc. Et puis, il y a des linguistes qui, peut-être à cause de la « linguisterie », se sont approchés de la psychanalyse, quitte à s'y brûler et à ne plus savoir qui ils sont. Mais ce n'est pas la majorité. Alors, je ne crois pas que la psychanalyse informe beaucoup la linguistique. Ce n'est pas possible, c'est comme la poésie. En revanche, on pourrait soulever la question de la pragmatique. Je me rappelle un beau cours de pragmatique où un linguiste réputé, dont je ne dirai pas le nom, nous a fait une leçon sur les actes de langage et la sémantique pragmatique, sur la compréhension de l'énoncé « papa, il fait beau », en nous faisant comprendre que, grâce à la pragmatique et sûrement pas au structuralisme, il comprenait que c'était sa petite fille qui lui demandait d'aller faire une promenade avec lui. Et moi, quoique linguiste, j'avais envie de lui demander pourquoi il s'arrêtait là. C'est-à-dire, pourquoi seulement une promenade ? Tant qu'à faire, à déplier le sens, pourquoi ne pas aller plus avant et rencontrer peut-être l'Œdipe ou quelque chose comme cela ?

Michel BROSSARD. — Je ne sais pas si c'est la linguistique, la psychanalyse ou la faim qui m'amène à reposer cette lancinante question depuis hier : peut-on cuisiner sa mère ? Je crois qu'il est l'heure d'aller déjeuner.

LES NOUVEAUX IDIOMES
Maurice GROSS
Professeur à l'université Paris VII

Historique

Le domaine de l'informatique linguistique est né avec l'ordinateur il y a une trentaine d'années. Il s'est constamment développé à partir des deux disciplines, largement indépendantes, chacune bénéficiant d'apports stimulants de l'autre. A un certain stade, il a pu se constituer une discipline nouvelle, autonome, c'est-à-dire possédant une cohérence interne ainsi que des méthodes propres conduisant à des résultats variés.

La linguistique, discipline traditionnellement littéraire, a dû préciser considérablement ses données et ses résultats avant que des modèles puissent être expérimentés sur ordinateur. Sous cette pression indirecte de l'informatique qui ne constituait alors qu'un outil nouveau, elle a développé des aspects formels qui constituent la base des résultats les plus importants obtenus sur les langues naturelles et qui permettent d'envisager des applications informatiques.

L'informatique a toujours dû faire face à des problèmes de communication homme-machine. Ces problèmes trouvent des solutions dans la construction de langages de programmation. Des considérations formelles dégagées par les linguistes sur les langues naturelles ont pu être appliquées aux langages de programmation, elles ont éclairé leur structure. La poursuite des recherches en linguistique et la possibilité de construire des langages pour ordinateurs proches des langues naturelles apparaissent ainsi comme étroitement associées. Ces activités ont de multiples facettes et extensions dont nous allons examiner les principales.

Le traitement automatique des langues naturelles se présente donc comme une activité interdisciplinaire pleine de promesses. Malgré la déception dans les années soixante due à l'échec de la traduction automatique, les travaux se sont poursuivis depuis vingt ans, sous forme d'études fondamentales ou dans le cadre de projets spécifiques, qui, souvent limités à des généralités, n'en ont pas moins constitué des contributions, même quand les résultats étaient négatifs.

Le caractère authentiquement interdisciplinaire du domaine pose des problèmes institutionnels de relation des disciplines. Le simple fait que la linguistique ait traditionnellement appartenu au domaine des belles-lettres crée des coupures dans ses rapports avec l'informatique, qui sont difficiles à surmonter.

Ces difficultés sont dépendantes du contexte français, elles ne se présentent pas aux États-Unis par exemple, ni, semble-t-il, en URSS. Les causes historiques sont claires :

— En France, depuis le début du siècle et jusqu'aux années cinquante, les quelques rares études importantes de linguistique générale et de linguistique française portent sur la phonétique et la morphologie. Les études de syntaxe française de niveau international sont faites par des spécialistes de pays scandinaves (tout particulièrement au Danemark : A. BLINKENBERG, K. SANDFELD, K. TOGEBY). Les recherches en syntaxe et sémantique faites en France sont considérées comme marginales (C. GUILLAUME, L. TESNIÈRES), elles ne reçoivent guère de support du milieu académique. Les études ont alors des caractères philosophiques ou psychologiques qui fondent une problématique de la pensée plutôt que de la langue. Ce n'est que depuis une vingtaine d'années (J. DUBOIS) qu'un renouveau total a suscité des études purement linguistiques d'un niveau et d'une abondance tels que pour la première fois le domaine n'est plus marginal. La phonétique a souffert également de cette situation. La même coupure entre disciplines a empêché toute collaboration entre linguistes-phonéticiens et physiciens-acousticiens. Le problème est aujourd'hui plus aigu encore dans la mesure où les techniques acoustiques mettent en jeu des méthodes électroniques variées et complexes, que ce soit l'électronique liée à l'acoustique (par exemple les techniques de filtrage) ou l'électronique informatique. La digitalisation des signaux et leur traitement apparaissent en effet aujourd'hui comme les méthodes d'approche les plus puissantes de l'analyse de la chaîne parlée.

— Aux États-Unis, la situation était différente. La linguistique subissait l'influence de la psychologie béhavioriste ; autrement dit, au lieu d'aborder les problèmes avec les concepts d'une psychologie introspective de style bergsonien, les faits et les méthodes étaient gardés le plus près possible de l'observation directe. D'une part, les ethnologues provoquaient un élargissement du domaine par l'étude des langues amérindiennes, obligeant ainsi les linguistes à se dégager des modèles descriptifs forgés à partir de la grammaire latine et qui continuaient à servir de fondements à la syntaxe en Europe. D'autre part, l'influence des philosophes était extrêmement différente. La tradition philosophique anglo-saxonne entraîne les logiciens beaucoup plus vers la logique mathématique et l'étude des fondements des mathématiques que vers les spéculations historiques et métaphysiques, comme c'était le cas en Europe continentale. De ce fait, le problème des relations entre logique et langage a rapidement pris une allure concrète, et les questions de formalisation du langage naturel sont apparues très tôt. C'est de cette convergence qu'est née la linguistique structurale distributionnelle puis transformationnelle.

La caractéristique essentielle de la linguistique structurale est qu'elle se veut dégagée du sens. En effet, une expérience de plusieurs siècles au cours desquels des grammairiens ont tenté sans succès de définir des unités de sens a fait prendre conscience de la difficulté exceptionnelle de ce problème : toutes les tentatives pour l'aborder se sont soldées par des échecs. En revanche, l'étude des formes peut être rendue précise, au point que des règles combinatoires peuvent être utilisées pour engendrer des ensembles de phrases avec la rigueur exigible lors de la construction de modèles manipulables sur ordinateur. Cette situation fut perçue dès les années cinquante ; l'idée était couramment admise que l'une des applications potentielles des ordinateurs, machines pour lesquelles la seule expérience d'emploi était celle du calcul numérique, était la traduction automatique de textes en langue naturelle.

En même temps que les études linguistiques se dégageaient des études de sens, il se produisait une autre division, entre linguistes diachroniques et linguistes synchroniques. Les études diachroniques (historiques et philosophiques) portent sur les langues mortes, ou sur des stades anciens des langues vivantes. La linguistique synchronique est celle des langues vivantes — et de fait, elle est constituée par l'étude des langues des pays où les linguistes sont nombreux — et autre facteur économique, où l'utilisation des ordinateurs est la plus développée. La linguistique s'étant considérablement développée, un tel découpage du domaine pourrait correspondre à des spécialisations rendues nécessaires par l'étendue des tâches à entreprendre. D'un point de vue pratique, cette dichotomie est relativement justifiée. En effet, les méthodes d'observation et les techniques d'enquête sont différentes selon que l'on traite de langues vivantes et de langues mortes. Le fait que pour les langues vivantes on puisse aisément déterminer si une forme **est** ou **n'est pas acceptée** dans la langue permet de construire des grammaires constituant des **fonctions caractéristiques**, c'est-à-dire des mécanismes qui engendrent les phrases (formes acceptées) d'une langue et uniquement celles-ci. Cette possibilité a été déterminante dans les progrès récents de la linguistique et dans la possibilité de mettre en œuvre des applications informatiques. Cependant, cette division (plus ou moins faussement attribuée à F. DE SAUSSURE par de nombreux linguistes) se révèle être artificielle du point de vue théorique. On rencontre des situations qui montrent l'importance qu'il y a à ne pas séparer diachronie et synchronie comme cela a été fait jusqu'à présent.

Les phénomènes linguistiques, et la syntaxe plus que la phonologie, ont été traités avec une précision des plus variables selon les auteurs. Ce n'est que récemment (depuis une vingtaine d'années) et sous l'impulsion de philosophes et logiciens (Y. BAR-HILLEL, 1964 ; N. CHOMSKY, 1956 ; et

J. LAMBEK, 1958) que les modèles logiques informatiques ont été systématiquement utilisés par les linguistes. Aujourd'hui, la majorité des linguistes opèrent dans le cadre des théories transformationnelles de Z.S. HARRIS et N. CHOMSKY, donc en se plaçant à l'intérieur de cette famille relativement bien définie de modèles formalisés. Il existe encore des réminiscences de la linguistique psychologique, très répandue au début du siècle, mais cette activité est trop éloignée de la linguistique descriptive pour qu'on y trouve un intérêt autre que métaphysique.

Les secteurs de l'informatique concernés par le développement de la linguistique et tels qu'ils nous apparaissent aujourd'hui sont en majorité liés au domaine de la communication homme-machine, c'est-à-dire à la possibilité de disposer de langages d'entrée et de sortie qui seraient des sous-langages d'une langue naturelle :

— langages de programmation proches du langage naturel ;

— systèmes d'interrogation-réponse de banques de données. Pour dépasser les applications existantes, il est nécessaire de disposer de représentations internes de textes en langue naturelle, et du passage automatisé (à des degrés divers) des textes aux représentations (P. SABATIER, 1987) ;

— le développement de l'enseignement assisté par ordinateur (EAO), les aides à la traduction (TAO) et d'autres activités envisagées sont conditionnés par la résolution des mêmes problèmes, et en premier lieu de celui de la mise automatique en mémoire de représentations explicites d'une grande quantité de textes (les banques de connaissances sont l'équivalent de bibliothèques spécialisées).

Mais d'autres domaines sont affectés :

— les techiques de communication. Les méthodes de compression de l'information linguistique pourraient évoluer si une plus grande partie de la redondance des messages était extraite. L'utilisation de connaissances récemment acquises combinée avec l'emploi d'ordinateurs est susceptible d'avoir des effets sensibles ;

— enfin, l'informatique théorique est en premier lieu mise à contribution. A partir des descriptions linguistiques empiriques, il est en effet nécessaire d'élaborer des langages formels représentant les contraintes du langage naturel, les linguistes élaborent des modèles adéquats aux faits, et des informaticiens théoriciens spécialistes de langages formels doivent en étudier la calculabilité pratique, c'est-à-dire les reformuler de manière que des algorithmes d'analyse syntaxique efficaces puissent être définis avec rigueur, puis programmés (D. PERRIN, 1988).

Les applications de l'informatique à la linguistique sont plus variées, certaines sont extérieures aux préoccupations théoriques centrales du domaine, d'autres devraient permettre des progrès importants pour le problème de la détermination de la forme des grammaires. Citons les principaux :

— l'analyse syntaxique automatique (M. SALKOFF, 1979) et la génération automatique de textes (L. DANLOS, 1985). La construction en grandeur réelle d'un analyseur ou d'un générateur conduit à mettre en évidence des questions purement linguistiques. Leur étude a des incidences théoriques certaines ;

— la construction d'une grammaire formalisée. La construction de grammaires et de lexiques formalisés à large couverture de la langue a introduit des changements qualitatifs dans la nature des théories linguistiques. La masse des données à recueillir est telle que des moyens informatiques appropriés doivent être mis en œuvre ;

— le traitement des textes techniques ou littéraires, qui peut aller du simple repérage de mots, dans de gros volumes de textes, jusqu'à la reconnaissance automatique de structures complexes.

La syntaxe

Le programme de la syntaxe a été bien défini par les logiciens, informaticiens et linguistes. De nombreuses raisons les ont conduits à établir une séparation entre la forme et le sens des phrases (prédicats et programmes). Dans ces conditions :

1) les formes des phrases peuvent être décrites par des procédés purement combinatoires ;
2) le sens des phrases peut faire l'objet de définitions ;
3) une mise en correspondance de la forme et du sens peut être effectuée.

Reprenons sur un exemple élémentaire de la logique les trois étapes citées. On part d'un ensemble de symboles pour lequel on donne des règles de combinaisons :

1) Soit l'ensemble de dix symboles : *P, Q, R, S, T, (,),, V, Λ , —,* ils seront combinés par concaténation, c'est-à-dire par écriture de gauche à droite. Ce procédé permet de construire des séquences de symboles par exemple :

$$P - QRST))($$
$$- ((PVQ)V(RVS))$$

A la règle trop générale de concaténation, puisqu'elle permet d'obtenir toutes les séquences possibles de symboles, on ajoute les règles de bonne formation suivantes qui vont définir les formules logiques :

a) on distingue les lettres *P, ..., T* qui sont des formules ;
b) on distingue les deux parenthèses qui ne pourront être utilisées que pour encadrer les formules : *(P), ..., (T)* ;
c) on distingue les symboles Λ et *V* qui ne peuvent apparaître qu'entre deux formules :

(PVQ), $S \wedge T$, *(PVQ)*$\wedge P$*)*

d) on distingue le symbole — qui ne peut apparaître qu'à gauche d'une formule :

— P, — (SVT)

Les règles b), c), d) permettent de constituer des formules complexes à partir des formules élémentaires définies par la règle a).

2) Le **sens** des formules peut prendre les deux valeurs : vrai *(V)* et faux *(F)*.

3) la mise en correspondance des **formes** (formules) et du **sens** est assurée par les règles de correspondance suivantes (tables de vérité) :

— si la formule X est vraie, alors la formule — X est fausse,
— si la formule X est fausse, alors la formule — X est vraie,

— si les formules Y et Z sont vraies, alors la formule YAZ est vraie,
— etc.

Ces règles d'interprétation donnent aux symboles —, $\wedge$ et V leur sens d'opérateur logique usuel : — est la négation (ou « contraire de »), $\wedge$ la conjonction (« et ») et V la disjonction (« ou »). Le schéma de ce système de représentation de la forme et du sens de nos formules logiques a alors l'allure donnée figure 1 :

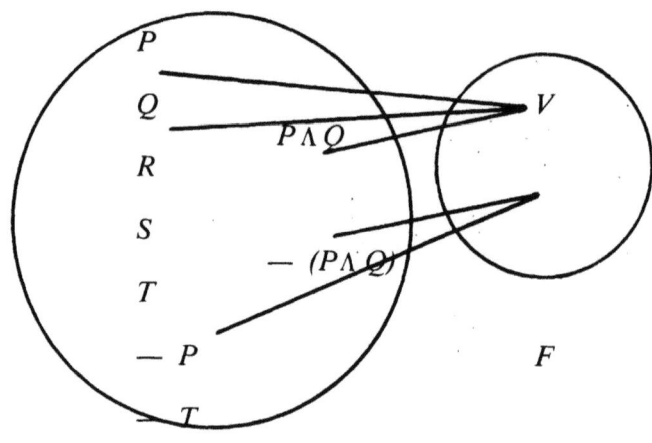

Synt   **Sém**

— *Fig. 1* —

L'ensemble de **Synt** *est l'ensemble des formules engendré par les règles syntaxiques* a) *à* d), **Sém** *est l'ensemble des valeurs d'interprétation des formules, les arêtes qui lient ces deux ensembles explicitent les interprétations.*

Les langages de programmation sont décrits sur le même principe :

1) des règles syntaxiques permettent d'assembler les symboles mathématiques (de nombres et d'opérations) selon

les règles qui conduisent aux formules usuelles :

(3 X 7) 4 + (12,35 : 0,9) est une formule ;
(X 7 + : X 12,35 (09 n'en est pas une.

2) Une interprétation est définie : celle des opérations d'un ordinateur particulier.

3) Une correspondance entre formules (programmes) et calculs de l'ordinateur est donnée (par un compilateur ou un interpréteur de programmes).

Les langues naturelles font aujourd'hui l'objet de la même approche. On part d'un ensemble de base : mots ou racines de la langue que l'on va concaténer, ce qui donne des séquences comme :

le la rouge petit demain
le petit garçon prend la boîte rouge

La première séquence de mots n'est pas une phrase, la seconde en est une.

Au niveau syntaxique (**Synt**, figure 1), on ne se préoccupe pas du sens des phrases, on se contente de séparer des autres les séquences **acceptées** comme phrases. Le problème consiste à découvrir les règles de construction qui distinguent les deux types de séquences. L'une des difficultés est empirique : il n'est pas toujours simple de décider si une séquence doit être acceptée ou non, et on mentionnera l'exemple de L. TESNIÈRE, 1960 :

Le silence vertébral indispose la voile licite

qui pose le problème de l'absence éventuelle de sens dans une suite grammaticalement correcte.

Le problème a d'autre part des aspects théoriques : il faut déterminer les mécanismes formels (indépendants des langues) qui permettent une mise en œuvre cohérente (reproductible) des langues par leurs locuteurs et qui rendent compte de la capacité de l'enfant à apprendre une langue quelconque.

Du point de vue des méthodes employées, c'est la même classe de mécanismes formels qui sert à décrire les langages, qu'ils soient logiques, informatiques ou naturels. On peut représenter tous les mécanismes par des règles de la forme suivante (J. Baudot, 1987 ; J.-P. Paillet, A. Dugas, 1982) :

$$U = V$$

où U et V sont deux séquences de symboles de base ; on peut prononcer : « U devient V ». Les règles du système logique défini ci-dessus sont de ce type, on peut ainsi reformuler les règles de formation b) à d) de la façon suivante :

b) $P \Rightarrow (P) \, ; \, ... \, ; \, T \Rightarrow (T)$
c) $P, Q \Rightarrow (PVQ)$
d) $P \Rightarrow -P \, ; \, SVT \Rightarrow -(S \wedge T)$

Les modifications de séquences dans le membre U autorisées sont des trois types suivants :

— adjonction de symboles à d'autres ;
— suppressions de symboles ;
— permutations de symboles.

La comparaison de U et de V fait apparaître ces modifications.

Revenons au cas des langues naturelles et considérons par exemple la phrase :

(1) *L'enfant mange l'abricot*

son analyse grammaticale est :

(1a) *Article Nom Verbe Article Nom*

abrégée en :

(1a) *Art N V Art N*

les symboles *Art*, N et V vont entrer dans des règles dont le rôle est de décrire des ensembles de phrases, par-delà les choix de mots particuliers tels que ceux de l'exemple (1). Etant donné une phrase comme (1), nous allons décrire toutes ses variantes formelles au moyen de règles combinatoires, sans donc mofifier le sens. La règle :

[P0] *Art N V* $\Rightarrow$ *il V*

est une règle de pronominalisation du sujet de V (elle a des variantes en genre et en nombre). C'est une règle de substitution qui, appliquée à (la)-(1), fournit la phase :

(2) *il V Art N* = : *il mange l'abricot*

La règle :

[P1] *V Art N* ⇒ *le V*

pronominalise le complément direct, c'est un mélange de substitution et de permutation, elle fournit la phrase :

(3) *Art N le V* = : *l'enfant le mange*

Les phrases analogues en forme à (1) ont en général une forme passive associée, car de même sens. Considérons la règle du [passif]. Nous allons la décrire syntaxiquement, c'est-à-dire de façon strictement combinatoire. Nous l'écrirons :

(1b) *(Art N)$_0$ V (Art N)$_1$* ⇒
(Art N)$_1$ être Vpp par (Art N)$_0$

Nous avons indicé les deux séquences identiques *Art N* de (1a) et de (1b) pour les distinguer puisqu'elles sont permutées. On formulera la règle en exprimant qu'elle insère *être* (l'auxiliaire du passif), *par* (une préposition) et *-pp*, le suffixe de participe passé du verbe. Cette formulation se distingue des définitions de grammaires scolaires en ce qu'elle ne met en jeu aucun élément de sens, autrement dit il n'est fait appel à aucun des termes **transitif, action,** applicables à *V*, **objet, agent,** applicables aux compléments.

Pour être utilisables de manière générale, ces règles doivent être notablement précisées. Considérons les deux phrases :

L'enfant pense à sa sœur
L'enfant obéit à sa sœur

Elles sont grammaticalement identiques, et on pourrait les analyser : *Art N V à Art N*, mais elles présentent une différence de pronominalisation :

* *L'enfant lui pense*[1]
L'enfant lui obéit

---

(1) L'étoile signale que la séquence de mots n'est pas acceptée.

Aussi la règle de pronominalisation :

[P2] $V\ à\ Art\ N \Rightarrow\quad lui\ V$

doit être limitée aux verbes du type *obéir*. Il est donc indispensable de passer en revue l'ensemble des verbes du français, de relever ceux qui se construisent avec la préposition *à* et les séparer en deux groupes : ceux du type d'*obéir* et ceux du type de *penser*.

Un tel examen, bien que très simple dans sa formulation, n'avait jamais été réalisé jusqu'à récemment. C'est qu'en l'absence de cadre théorique, même la simple opération qui consiste à établir une liste cohérente de verbes est apparue comme difficile. C'est la restriction de la syntaxe au seul cadre combinatoire qui a permis d'effectuer la description systématique des verbes et des effets de règles syntaxiques comme celles de la pronominalisation et du passif (M. GROSS, 1975 ; J.-P. BOONS, A. GUILLET, C. LECLÈRE, 1976). Ainsi, un ensemble de près de 12 000 verbes a été décrit et on a enregistré les possibilités de leur appliquer environ 400 règles. La manière de représenter cette information est donnée par un tableau rectangulaire où l'on a placé un verbe sur chaque ligne. Chaque colonne correspond à une règle. L'intersection d'une ligne et d'une colonne est marquée du signe « + » si la règle s'applique au verbe, du signe « — » dans le cas contraire.

L'exemple de *penser-obéir* met bien en évidence la dépendance entre règles et mots, c'est-à-dire la nécessité qu'il y a à construire des tables syntaxiques systématiques, qui constituent ce que nous appelons un lexique-grammaire.

A ce lexique-grammaire doivent s'ajouter d'autres mécanismes :
— ceux de la formation de phrases complexes à partir de phrases plus simples ; la coordination et la subordination ;
— ceux qui contraignent l'interaction des différentes règles ; les contraintes sont parfois des plus inattendues pour des phénomènes courants, au point que les locuteurs de la langue n'en ont pas conscience [2].

---

(2) Mais ces contraintes apparaissent lors de l'apprentissage de la langue comme seconde langue, leur non-respect entraîne des fautes frappantes. Par exemple, les

Reprenons l'exemple de trois règles de prononciation que nous avons signalées ; elles doivent être étendues à toutes les variations des pronoms, ce qui va conduire à les multiplier. Mais, de plus, elles interfèrent entre elles de façon complexe ; par exemple, on peut appliquer à la phrase :

(4) *L'enfant donne l'abricot à sa sœur*

la règle [P1] ou la règle [P2], ou bien les deux, ce qui donne :

[P1] (4)   *L'enfant le donne à sa sœur*
[P2] (4)   *L'enfant lui donne l'abricot*
[P1] [P2] (4) *L'enfant le lui donne*

Mais la phrase :

(5) *L'enfant vous le donne*

correspond à un ordre différent des pronoms préverbaux, on pourrait représenter cet ordre des pronoms par un ordre différent des règles : (5) = [P2] [P1] (4). De la même façon, la règle [P0] de pronominalisation du sujet devra être couplée aux règles [P1] et [P2] dans le cas de la formation des pronoms réfléchis puisqu'ils doivent être identiques en personne-nombre au sujet :

*Il s'évanouit, *Il t'évanouit*
Nous nous dévouons pour ce chat,
**Nous les dévouons pour ce chat*

Divers procédés formels sont utilisables pour représenter ces comportements de pronoms (M. GROSS, 1968), mais on voit déjà que la prise en compte détaillée d'un phénomène (parmi de nombreux autres) entraîne immédiatement un accroissement de la complexité et de la taille de la grammaire.

Nous venons de donner un aperçu des méthodes employées pour décrire la syntaxe des langues naturelles. Outre le souci de rigueur scientifique qui a présidé à l'emploi de ces méthodes, le caractère combinatoire des règles conduit à une explication inhabituelle des détails décrits, qui permet d'envisager la construction de modèles informatiques de langues naturelles et des applications.

---

deux phrases suivantes : « Ce problème regarde Max », « Ce problème concerne Max », sont très voisines en sens et structure syntaxique, mais seule la seconde a une forme passive : « Max est concerné par ce problème », « Max est regardé par ce problème ».

L'interprétation

Nous allons aborder le problème de l'interprétation des phrases. La recherche des unités de base du sens est une activité philosophique ancienne, qui a proliféré en linguistique. Elle a été renouvelée par les méthodes de la logique mathématique et fait aujourd'hui l'objet de travaux en intelligence artificielle. Malgré de nombreuses tentatives, il n'existe aucune méthode qui permettrait de dégager des catégories de sens. La seule approche dont on dispose est l'intuition, l'introspection. On sait pourtant que les notions qui semblent les plus évidentes et les mieux ancrées dans l'esprit humain ou dans une culture particulière ne résistent à aucun examen logique approfondi. Considérons, par exemple, le problème d'interprétation qui consiste à assigner des substantifs à des catégories aussi banales que **humain**, **abstrait** ou **concret**. Ainsi, *enfant* est sans nul doute un terme **humain, concret**[3], *abricot* est **non humain, concret**, *idée* sera **abstrait**, etc. Considérons un terme comme *livre* que l'on qualifiera de **non humain, concret** sans difficulté, on l'observe dans une phrase comme :

(1) *Max a acheté deux textes de Jo.*

Mais les difficultés commencent lorsque l'on compare les sens de *texte* dans la phrase (1) et dans les phrases :

(2) *Ce texte pèse deux kilos*
(3) *Ce texte a eu un impact énorme*

Notre intuition est que *texte* est plus **concret** dans (2) que dans (1) et qu'il est plus **abstrait** dans (3) que dans (1). Cette situation est courante, elle suggère l'existence d'un continuum de sens, ce qui contredit l'intuition première et pourtant nette qui avait révélé les catégories **concret, abstrait.**

Une manière d'introduire le sens de phrases entières plutôt que le sens des seuls mots (e.g. le sens des noms que nous venons de discuter) consiste à leur associer des prédicats logi-

---

(3) A condition de considérer que l'on a affaire à un autre nom « enfant » dans « Ce pont est l'enfant d'Eiffel ». Ce travail de séparation des différents sens des mots est fait dans les dictionnaires, mais sa précision n'est pas toujours suffisante pour les besoins théoriques et informatiques.

ques, c'est-à-dire des fonctions dégagées des variations syntaxiques que présentent les phrases. Par exemple, à la phrase (4) analysée en sujet-verbe-complément comme suit :

(4) *(Max)$_0$ adore (le cinéma)$_1$*

on associe le prédicat A(**h**,s) où **h** est une variable qui correspond à un **humain**, s à un stimulus qui déclenche en **h** le sentiment A (d'**appréciation**). Les variables s et **h** sont réalisées par des groupes nominaux. A la phrase suivante :

(5) *(Le cinéma)$_0$ passionne (Max)$_1$*

on peut décider d'associer le même prédicat A(**h**, s), ce qui est une façon d'exprimer que (4) et (5) sont synonymes. Mais comme (4) et (5) ont superficiellement la même forme : $N_0 \ V \ N_1$ et l'association avec A(**h**, s) doit être précisée par les règles d'interprétation suivantes :

— pour (4), $N_0 = $ **h**, $N_1 = $ s
— pour (5), $N_0 = $ s, $N_1 = $ **h**

Si on décide d'associer A(**h**, s*)* aux phrases de formes $N_0 \ V \ à \ N_1$ et $N_0 \ V \ de \ N_1$:

(Le cinéma)$_0$ plaît (à Max)$_1$
(Max)$_0$ tient (au cinéma)$_1$
(Max)$_0$ raffole (de cinéma)$_1$

des règles analogues seront utilisées, elles font abstraction de la nature prépositionnelle des constructions.

Nous retrouvons ici la même difficulté que dans le cas de l'interprétation des noms : les prédicats sont issus de l'intuition des locuteurs, et le processus d'affectation de phrases aux prédicats pose des problèmes aigus de reproductibilité.

On a vu aussi avec l'exemple de *texte* que l'interprétation des noms dépendait de celle des prédicats, d'où une complexité accrue des problèmes fondamentaux qui se posent.

Il est une situation courante qui soulève de façon différente les problèmes d'interprétation, celle des mots composés. Les mots composés s'observent dans toutes les catégories grammaticales :
— adjectifs composés : *bien-portant, nécessaire et suffisant ;*

— adverbes composés : *de temps à autre, en règle générale ;*
— noms composés : *cordon-bleu, pomme de terre, pèse-lettres ;*
— verbes composés : *tenir compte, apporter de l'eau au moulin de.*

Par définition, les mots composés sont sémantiquement non compositionnels. Autrement dit, il n'est pas possible de calculer leur sens (i.e. de donner des règles d'interprétation) à partir du sens des mots simples composants et des règles syntaxiques qui les assemblent. On le constate immédiatement sur les exemples donnés ci-dessus.

Or, l'examen du lexique français a montré que les mots composés étaient nettement plus nombreux que les mots simples :

— les dictionnaires courants contiennent de l'ordre de 1 500 adverbes simples, la plupart en *-ment*, une étude sur les adverbes composés en couvre plus de 6 000 ;

— les dictionnaires courants contiennent environ 35 000 noms simples. On évalue à plus de 200 000 le nombre des noms composés appartenant au même niveau de langue (G. Gross, 1988 ; M. Mathieu-Colas, 1988). On ne s'en étonne pas quand on réalise que la quasi-totalité des termes techniques sont des noms composés et que la formation (continuelle) de ces termes se fait au moyen d'assemblages de mots simples plus ou moins évocateurs des nouveaux objets ou concepts à nommer ;

— on a recensé et décrit syntaxiquement plus de 20 000 verbes composés, alors que la langue courante ne contient que 12 000 verbes simples.

Les problèmes d'interprétation peuvent alors être résumés au moyen d'un exemple comme :

(6) *Son éminence grise tient compte de cette mise en demeure*

1) Dans cette phrase, *son* et *cette* renvoient au contexte : *son* est **humain**, *cette* est **phrastique**. Ces deux éléments seront interprétés par renvoi à l'interprétation de leurs antécédents respectifs.

Aucun des mots simples de (6) ne permet d'interpréter la phrase. Il est en effet nécessaire au préalable :

2) de reconnaître les noms composés :

— *éminence grise* qui devra figurer dans un lexique de mots composés avec l'élément d'interprétation **humain**,
— *mise en demeure* qui sera probablement décrit syntaxiquement comme une nominalisation du verbe composé *mettre en demeure*, ce qui rend compte de son sens **phrastique** ;

3) de reconnaître une forme de prédicat à partir de l'analyse grammaticale suivante de (6) :

(6a) *(Son éminence grise)$_0$ (tient compte)*
$_V$ *(de cette mise en demeure)$_1$*

C'est alors qu'apparaîtra la difficulté d'associer aux différents mots composés des intuitions qui permettraient d'interpréter (6). En effet, dans le cas de phrases à mots simples comme (4) et (5), les intuitions sont étayées par des restrictions combinatoires évidentes entre verbes et noms ; on rejette par exemple des assemblages comme :

Cette chaise adore Max
Max passionne cette chaise

Ces restrictions, dites de sélection du verbe ou de cooccurrence entre verbe et noms, déterminent l'interprétation des phrases grâce à des généralisations intuitives. Dans les cas où la combinatoire des mots est figée, ce support de l'intuition a disparu. On constate même que l'analogie ou la synonymie avec des formes simples peut être trompeuse. Ainsi, les deux phrases :

Cette personne est morte
Cette personne a cassé sa pipe

semblent synonymes, ce qui conduit à généraliser les sujets à la catégorie **humain** dans les deux cas. Or, on observe que le nom *enfant* est un sujet possible de *mourir*, mais déviant pour *casser sa pipe* :

Cet enfant est mort hier
Cet enfant a cassé sa pipe hier

On constate alors **empiriquement** que *casser sa pipe* sélectionne des **humains** âgés, ce qui n'est pas le cas de *mourir*. De telles restrictions ne sont pas détectables sur la base des assemblages de mots, qu'ils soient libres ou composés, elles ne peuvent pas être décrites systématiquement et l'un des problèmes les plus aigus qui se posent est la description d'un processus par lequel elles auraient pu être apprises de manière uniforme par tous les locuteurs de la langue.

Voici donc l'état présent de la description des langues naturelles et quelques conséquences que l'on peut en tirer pour les applications informatiques. Si la partie syntaxique du schéma de la figure 1 est un objet d'étude légitime, que des méthodes prouvées permettent de mieux comprendre, la question du sens est entièrement opaque et aucune approche rationnelle ne peut prétendre aujourd'hui apporter le moindre élément de compréhension du problème [4].

BIBLIOGRAPHIE

BAR-HILLEL, Joshua, 1964, *Language and Information*, Reading, Mass. Addison-Wesley, 388 p.

BAUDOT, Jean, 1987, *Introduction aux grammaires formelles*, Montréal, SODILIS, 172 p.

BLINKENBERG, Andreas, 1960, *le Problème de la transitivité en français moderne*, Copenhague, Munksgaard.

BOONS, Jean-Paul ; GUILLET, Alain ; LECLÈRE, Christian, 1976, *la Structure des phrases simples en français*, I. *Constructions intransitives*, Genève, Droz, 377 p.

CHOMSKY, Noam, 1956, « Three Models for the Description of Language », *IRE Transactions on Information Theory*, IT2, pp. 113-114.

DANLOS, Laurence, 1985, *Génération automatique de textes en langues naturelles,* Paris, Masson, p. 239.

DUBOIS, Jean, 1965-7-9, *Grammaire structurale du français*, Paris, Larousse (3 volumes).

GROSS, Gaston, 1986, « *Dictionnaire électronique des noms composés* », université Paris XIII, rapport ATP-CNRS.

GROSS, Maurice, 1968, *Grammaire transformationnelle du français. Syntaxe du verbe,* Paris, Cantilène.

---

(4) Ce qui n'exclut pas que les procédés que nous avons présentés ne soient pas utilisables dans certaines applications informatiques, où le domaine d'interprétation serait bien identifié, car très technique.

GROSS, Maurice, 1981, « Les bases empiriques de la notion de prédicat sémantique », in *Langages*, n° 63, A. Guillet et C. Leclère éds., « Formes syntaxiques et prédicats sémantiques », pp. 7-52.

GROSS, Maurice, 1988, *Grammaire transformationnelle du français. Syntaxe de l'adverbe*, Paris, Cantilène.

GUILLAUME, Gustave, 1919, *le Problème de l'article et sa solution dans la langue française*, Paris, Hachette.

GUILLET, Alain ; LECLÈRE, Christian, 1981, « Restructuration du groupe nominal », in *Langages* 63, A. Guillet et C. Leclère éds., « Formes syntaxiques et prédicats sémantiques », pp. 99-125.

GUILLET, Alain ; LECLÈRE, Christian ; BOONS, Jean-Paul, 1988, *la Structure des phrases simples en français. II. les Verbes transitifs à compléments locatifs*, Genève, Droz.

HARRIS, Zellig, 1952, « Discourse Analysis », *Language*, 28, pp. 1-30.

HARRIS, Zellig, 1976, *Notes du cours de syntaxe*, Paris, Le Seuil, 237 p.

LAMBEK, Joachim, 1958, « The Mathematics of Sentence Structure », *American Mathematical Monthly*, vol. 65, pp. 306-312.

MATHIEU-COLAS, Michel, 1988, *la Classification formelle des noms composés*, à paraître, université Paris XIII.

PAILLET, Jean-Pierre ; DUGAS, André, 1982, *Approaches to Syntax*, Amsterdam-Philadelphie, J. Benjamins, 282 p.

PERRIN, Dominique, 1988, « Automates et algorithmes sur les mots », *Annales des télécommunications* (à paraître), Paris.

SABATIER, Paul, 1987, *Contribution au développement d'interfaces en langage naturel*, université Paris VII, thèse de doctorat, 199 p.

SALKOFF, Morris, 1980, *Analyse syntaxique du français. Grammaire en chaîne*, Amsterdam-Philadelphie, J. Benjamins, XVI + 334 p.

SANDFELD, Kr., *Syntaxe du français contemporain, I. les Pronoms*, Paris, Champion, 1928 ; II. *les Propositions subordonnées*, Paris, Droz, 1936 ; III. *l'Infinitif*, Paris, Droz, 1943.

TESNIÈRES, Lucien, 1960, *Syntaxe structurale*, Paris, Klinsieck, 671 p.

TOGEBY, Knud, 1984, *Grammaire française*, vol. I à V, publiés par Magnus Berg, Ghani Merad et Ebbe Spang-Hanssen, Copenhague. Etudes romanes de l'université de Copenhague, Akademisk Forlag.

DISCUSSION

(Modérateur : Marcel RIMPAULT)

Marcel RIMPAULT. — Vous avez pu apprécier, tout comme moi, la prestation du professeur GROSS sur l'informatique et la linguistique. Je crois qu'il nous a démontré toutes les applications et les similitudes présentées par ces disciplines apparemment différentes. En fait, quand on regarde l'informatique, on retrouve une similitude avec le langage naturel. Et l'on peut dire qu'en informatique, on recherche de plus en plus des langages naturels de façon à faciliter la tâche de l'utilisateur. Vous avez montré d'une manière remarquable combien il était difficile d'utiliser l'informatique dans le domaine de la linguistique, notamment pour la traduction automatique, et que l'une des solutions, se rapprochant des idéogrammes chinois, est plutôt le groupement de mots que le mot isolé, afin d'éviter les ambiguïtés en trop grand nombre. Je voudrais simplement préciser ici que l'informatique se présente sous deux aspects : l'informatique, sa recherche et son développement, qui peut être symbolisée ici par le professeur Robert CORI, qui est directeur de programmation au CNRS et puis toutes les actions de la vie qui sont assistées par l'ordinateur : système expert, banque de données, communication alphanumérique, ou sous forme d'images numériques ou analogiques...

Lucette MOULINE. — Une question naïve, dont je vous prie de m'excuser n'étant pas une spécialiste de l'informatique. Compte tenu du fait que la syntaxe apparaît chez l'enfant au moment où la symbolisation devient possible et nommée comme telle (c'est-à-dire que quand il n'y a pas de syntaxe, il est convenu de dire qu'il n'y a pas de langage), donc compte tenu que la syntaxe est considérée comme déjà porteuse d'une sorte de charge sémantique ou du moins d'un potentiel de sens, je ne comprends pas très bien que ce sens puisse être non avenu totalement, mais du moins pressenti par le sujet, comme le désir qui devient constitutif de l'objet linguistique. Alors, dans ces conditions, pourquoi une programmation comme celle que vous avez décrite tout à l'heure ne devrait-elle pas, ou pourquoi devrait-elle comporter la dimension déjà sémantique, donc de symbolisation, à l'intérieur du phénomène syntaxique ? C'est-à-dire que vous avez constamment séparé le mécanique du symbolique. Je pense qu'il y a dans la genèse de la langue une mécanique qui est déjà symbolisante. Est-ce qu'il est impossible de tenir compte de ce fait, ou bien est-ce que cela n'a pas d'importance dès lors que vous travaillez dans un domaine qui peut faire abstraction de cette donnée ? C'est la première question. La deuxième question que j'aimerais poser, et qui est d'ailleurs liée à celle-ci, concerne la nature métaphorique du langage. C'est un problème que connaissent bien tous ceux qui travaillent, comme moi, dans le domaine de la création littéraire, soit dans le récit, soit dans le théâtre, et qui savent, comme l'a beaucoup répété NIETZSCHE, que tout langage est d'essence métaphorique. Donc, il n'y a pas de littéralité que l'on puisse rejoindre s'il n'y a pas de butée littérale à un atome de langage, qui serait saisissable en tant que telle et indépendante de l'usage foncièrement métaphorique qu'en fait toujours le sujet. Ce qui conduirait à dire que dans la phrase que vous avez citée à propos de « concerner » et de « regarder », on pourrait continuer avec peut-être quelques chances de pertinence, mais qui ne seraient pas les mêmes que celles exigées par le contexte dans lequel vous vous situez. On pourrait continuer à dire : « Max est regardé par ce problème », d'une façon qui serait tout à fait autre, qui n'aurait pas le sens que vous avez effectivement maintenu dans votre problématique, mais qui aurait tout de même une chance d'intelligibilité, parce que c'est peut-être aussi une donnée très importante, l'intelligible, indépendamment de la pertinence sémantique et syntaxique dans le tourniquet de laquelle nous sommes un peu restés.

Maurice GROSS. — Pour la première question concernant la séparation syntaxe et sens, je pense que la façon dont vous posez le problème rejoint étroitement des questions qui avaient été posées hier : la langue est-elle un outil, c'est-à-dire une invention complètement humaine ? Pour certains aspects de la langue, c'est très clair : l'orthographe d'une langue est une invention. On peut la dater, on peut la changer. Ce n'est pas quelque chose d'arbitraire, mais de construit, de raisonné, de fabriqué. Quand on en vient à la chronologie, c'est plus difficile. Anne-Marie HOUDEBINE parlait des clicks de certaines langues africaines ; il y a une théorie qui dit que ce ne sont pas de vrais phonèmes, mais des inventions décoratives. La question est posée. Maintenant, pour la syntaxe, nous pouvons comparer le français ou les langues romanes et l'allemand par exemple. L'allemand a une manie de renvoyer quelque chose à la fin de la phrase, sans arrêt, que ce soit une particule ou un verbe. Ce sont deux éléments qui, en général, font qu'on est obligé d'attendre la fin de la phrase pour comprendre ce que veut dire le verbe et tout ce qui lui est attaché. On sait cependant que l'allemand et les langues romanes dérivent de l'indo-européen. Que s'est-il passé ? Invention, invention stylistique cette fois-ci. Ce n'est plus un problème de codage, comme l'orthographe. Les causes d'évolution stylistique, rythmique ou poétique des langues sont extrêmement diverses. Mais une hypothèse raisonnable pourrait dire que c'est une invention institutionnalisée et complexifiée au cours du temps. C'est une hypothèse que la plupart des linguistes font : la séparation entre ce type de phénomènes combinatoires syntaxiques et le sens, les prédicats grossiers que je proposais pour « posséder » ou « aimer » sont les mêmes en allemand et en français ; on peut donc supposer que les prédicats de sens sont communs, mais que la syntaxe ne l'est pas. Auquel cas, cette division semble raisonnable. Je ne suis pas entièrement contre, c'est une hypothèse de travail très commode. Les problèmes d'apprentissage que vous soulignez font qu'elle est peut-être difficile à tenir dans certains cas, mais avec d'autres conséquences ; cela serait quelque chose d'assez intéressant à explorer. Enfin, ce type de restriction : si l'on a du mal à l'apprendre, l'alternative, c'est qu'elle est innée. Ce qui ne va pas non plus. Donc, quelle que soit l'approche, on a des contradictions.

Votre deuxième question sur la métaphore rejoint un peu ce problème historique. Je n'entre pas dans le détail comme le font les spécialistes de stylistique dans les manuels. On pourrait dire de la métaphore (ou peut-être considérer qu'elle est synonyme de l'abstraction) qu'elle est le moyen de parler de l'évolution des langues. Un mot n'acquiert un sens nouveau qu'à la suite d'une opération de métaphorisation que l'on peut faire individuellement et que nous faisons tous ensuite. Nous sommes tous linguistes, simplement nous ne réussissons pas tous ! Et puis, de temps en temps, une invention linguistique est institutionnalisée. On voit mieux aujourd'hui comment cela peut se faire. Les médias pèsent, bien sûr, extrêmement lourd sur ce processus d'institutionnalisation d'un sens, d'une expression, et je crois que c'est là la clé des phénomènes qu'il faudra explorer. Je dirai que c'est à partir de la métaphore que je retournerai l'observation que vous faisiez sur les deux sens, au moins, de « regarder » : il y en a d'autres, « regarder à quelque chose », un troisième, etc. Ce qui s'est vraisemblablement passé, c'est qu'il y avait un « regarder » au départ, en latin ou peut-être avant, et que, par métaphore, création de sens dirigé, d'autres verbes « regarder » sont apparus dans le lexique du français. Disons « voler » *(to fly)* et « voler » *(to still)*, malgré la même forme, la même conjugaison, sont deux verbes différents. Le sens et la construction sont tels qu'on a perdu la mémoire d'une origine commune, mais je dirai la même chose de « regarder ». Quand je dis : « je regarde cet objet » et « ce problème me regarde », nous sommes à peu près dans la même situation que pour les deux verbes « voler ». Ils n'ont donc plus rien à voir aujourd'hui et, pourtant, il est à peu près certain qu'ils ont la même origine. Quel est le poids de l'histoire dans le sens des mots et dans leur construction ? C'est une question entièrement ouverte et très mystérieuse, un peu liée d'ailleurs au problème de l'apprentissage. Quelle est la mémoire que nous avons de l'histoire des mots ? Je ne sais pas et peu de gens le savent, je crois.

Robert CORI. — Je voulais revenir sur une autre question qui a été évoquée par Maurice GROSS et qui, à mon avis, pose un certain nombre de problèmes qui sont intéressants à plusieurs titres. Il s'agit de poursuivre le parallèle qui existe, ou qui n'existe pas, entre langage de programmation et langue naturelle. Quelques réflexions à ce sujet : l'utilisateur du langage naturel écrit et parle ; l'utilisateur d'un langage artificiel programme. Est-ce que la nature de l'activité de programmation est la même que celle de parler, écrire, s'exprimer ? Est-ce que le programmeur est un poète, un écrivain, un narrateur ou bien un scientifique ? Lorsque je regarde des programmes écrits par mes étudiants, dans certains cas je leur dis que leur programme est laid, extrêmement laid, et dans d'autres, qu'il est beau, au même sens qu'un poème est beau. Il existe un aspect esthétique lié à la succession des symboles qui sont employés. Cela peut donc laisser penser que, d'une certaine façon, l'activité programmatrice est une activité artistique. Dans le fond, le programmeur utilise un langage de programmation comme le scientifique utilise le langage mathématique. Quand un physicien veut expliquer un phénomène, il utilise des équations, des matrices, des symboles, il effectue un raisonnement. Un programmeur essaye d'expliquer en termes scientifiques une suite d'opérations qui devront être exécutées par un ordinateur. Il existe également une différence fondamentale dans la multitude des langages de programmation. Lorsque vous écrivez un texte, vous avez le choix entre deux ou trois langues pour l'écrire, en général vous l'écrirez en français, sauf si vous vous adressez à un collègue ou à un ami allemand, anglais. Lorsque vous écrivez un programme, la question du choix du langage va se poser tout de suite. C'est une question qui agite beaucoup nos milieux. Disons qu'à l'université, les physiciens préfèrent écrire un programme en Fortran. Les informaticiens plutôt en Pascal, etc. Donc, le problème du choix du langage se pose en fonction de certains critères, alors qu'en langage naturel, il ne se pose pas. Donc, je me suis posé la question : est-ce qu'au niveau du choix de langage de programmation intervient une composante socioculturelle ? Est-ce que, par exemple, les femmes programmeraient en Pascal et les hommes en Prolog ? Il se trouve que ce genre de considérations n'est pas vrai du tout. Les étudiantes ou les étudiants sont bonnes ou bons dans chacun des langages de programmation. En revanche, on peut observer un certain phénomène de comportement social qui est induit à long terme par l'utilisation de tel ou tel langage. On peut noter que, par exemple, dans les conférences, on reconnaît très facilement les Lipsiens (ce sont des gens qui programment en Lip). Ils ont un comportement qui permet par exemple de les distinguer très facilement des gens qui programment en Prolog.

Maurice GROSS. — Peut-être faut-il rappeler que l'on a essayé de construire des langages naturels, l'espéranto étant le plus connu. Une centaine d'autres tentatives ont été faites, et elles n'ont pas marché ou de façon très limitée. La différence, c'est quand même le biologique, je crois.

Jacques PATY. — Je m'intéresse au fonctionnement cérébral, tout au moins au fonctionnement cognitif, et je voudrais que soit utilisé avec le maximum d'efficacité le matériel fourni par la technique et l'Ordinateur avec un grand O. Cela me pose un certain nombre de questions, parce que la neurophysiologie et l'informatique sont lieux de rencontre. L'histoire de la machine et celle du cerveau sont pleines de rencontres dont l'une des dernières, d'où ont émergé l'intelligence artificielle et le terme de « neuro-informatique », a consisté à essayer de renverser l'allusion selon laquelle le cerveau pouvait être décrit en termes de machine. On a essayé d'inverser les rôles en disant que les gens qui s'occupent de cellules connectables ont peut-être des solutions pour utiliser les machines. Par ailleurs, ce qui me pose personnellement une question, c'est : comment peut-on parler de langage si l'on ne veut pas que cela soit uniquement un outil, et comment parler du langage si l'on ne parle pas de possibilité de réorganisation permanente ? Vous allez peut-être me répondre « intelligence artificielle », mais effectivement la question qui me paraît fondamentale, c'est en tout cas : comment est-il possible de réorganiser une formalisation logique *a priori* ? Une deuxième question que je me pose par rapport à cela, et qui a plus à voir avec la notion d'apprentissage, c'est : qu'est-ce que nous enseigne l'ordinateur, en quoi nos stratégies cognitives sont-elles remodelées, modifiées ou dépendantes d'un certain nombre d'outils techniques dont nous disposons ? Je crois que M. CORI a posé la question tout à l'heure. On reconnaît les Lipsiens et les Prologs, mais reconnaîtra-t-on, dans vingt ans, les enfants qui ont eu un accès précoce au clavier et qui ont eu une certaine organisation de la connexion physiomotrice ? Auront-ils une organisation différente ? « Organisation », le mot est fort, mais je crois avoir retenu qu'à travers des langues très différentes, il y a quand même quelque chose qui fonctionne d'une manière à peu près homogène dans l'espèce humaine, d'une civilisation à une autre, et probablement même d'une époque à une autre. Mais, y aura-t-il en tout cas des efficacités certainement différentes dans l'utilisation du japonais ou de la langue anglaise ? Cette question d'efficacité et d'accès à la performance a certainement une valeur sélective ou adaptative importante pour l'avenir des individus ou des sociétés.

Maurice GROSS. — Sur ces points, vous posez beaucoup de questions et vous savez très bien que nous n'en avons pas les réponses. Mais vous avez soulevé la question très importante de la plasticité. C'est là effectivement la grande différence entre les modèles linguistiques que j'ai présentés et que Robert CORI a essayé d'humaniser. Mais, dans les deux cas, langage de programmation ou modèle de langue naturelle que l'on sait faire aujourd'hui, il y a une composante qui manque totalement : c'est la plasticité, l'adaptabilité à des situations extrêmement voisines. Si, dans la grammaire de l'ordinateur, on n'a pas prévu une virgule à un certain endroit, il n'y a rien à faire, l'ordinateur ne peut pas faire l'effort d'imagination ou d'abstraction qui permet ou de la rétablir ou de la négliger. Et je crois que la totalité des analogies qui sont faites entre le cerveau et l'ordinateur sont fondées sur une fausse conception, sur une négligence de ce facteur absolument essentiel. Je dirai que les modèles d'ordinateur et les modèles d'activité humaine, même la plus simple, diffèrent de plusieurs ordres de grandeur, et en tout cas diffèrent fondamentalement, qualitativement, par cette question d'adaptabilité.

Jacques PATY. — Mais alors, est-ce que, par rapport à cela, il n'y a pas quelque espoir à tirer, pour l'ordinateur, des fonctionnements du système parallèle ? Parce que, finalement, c'est peut-être là que le modèle humain peut apporter quelque chose d'intéressant. Il y a toujours dans les opérations mentales plusieurs fonctionnements simultanés, mais il y en a un qui prend le pas sur les autres et qui fait qu'il y a une action et une seule et plusieurs opérations mentales qui y conduisent.

Maurice Gross. — C'est certainement la grande voie de recherche actuelle en informatique. On sait qu'on peut construire des machines parallèles ; il suffit simplement de connecter des batteries d'ordinateurs entre elles. Or, on a de très grosses difficultés à les programmer et à les faire cohabiter, et je crois qu'on retombe, là aussi, sur ce problème de plasticité. Certaines difficultés des ordinateurs strictement séquentiels disparaîtront peut-être, mais je n'ai pas l'impression que ce problème d'adaptation à une situation nouvelle non encore décrite pour la machine sera qualitativement amélioré. Je crois que l'hypothèse que vous faites est raisonnable ; c'est certainement un progrès.

Marcel Rimpault. — Il est vrai que l'ordinateur n'est pas intelligent ; c'est l'homme qui est intelligent. La seule chose que l'on peut remarquer, c'est que les machines sont de plus en plus puissantes, ont de plus en plus de mémoire, ce qui permet aujourd'hui des choses qu'on ne pouvait pas faire hier, et certainement plus demain encore.

Robert Marty. — Je trouve qu'il y a un terrorisme intellectuel absolu à vouloir parler d'intelligence artificielle. Intelligence artificielle, je trouve que c'est un scandale ! D'ailleurs, quand on questionne les informaticiens, ils finissent par reconnaître qu'il y a un peu supercherie à s'engager dans cette voie. Mais comme, en définitive, c'était très médiatique et porteur, ils ont maintenu ce terme d'intelligence artificielle. Et comme l'a soutenu Maurice Gross, c'est la capacité d'adaptation qui est capitale : l'intelligence, c'est l'adaptation. C'est d'ailleurs une très bonne définition de l'intelligence et, Maurice Gross l'a souligné, dans la mesure où il n'y a pas au départ cette aptitude à la réaction à une situation nouvelle non prévue. Ce qui est fondamental, depuis le langage chimique jusqu'au verbal, et jusqu'au poétique, c'est cette capacité d'adaptation. Pour le niveau humain, c'est fondamental, et les nouveaux idiomes ne sont qu'une émergence de la biosphère. Je trouve personnellement que le terme d'intelligence artificielle est excessif.

Robert Cori. — Je suis tout à fait d'accord avec Robert Marty :

je trouve que le terme d'« intelligence artificielle » est très mal choisi pour décrire un certain savoir scientifique qui existe maintenant et qui n'existait pas il y a une dizaine d'années. Autrefois, les ordinateurs servaient à faire des calculs sur les nombres et à gérer des fichiers importants. Depuis quelques années maintenant, on sait faire un peu plus, c'est-à-dire qu'on sait que si A implique B et que B implique C, A implique C ; on a essayé de nommer cette nouvelle possibilité, somme toute très modeste, et on a donné ce nom d'intelligence artificielle qui est vraiment horrible, je le concède volontiers.

Claude BENSCH. — Cela n'étonnera personne mais je suis en opposition complète avec mon ami MARTY. J'en profite pour m'immiscer dans cette conversation, car je trouve que nous avons pris un biais extrêmement dangereux : est-ce que ce n'est pas un peu excessif d'appeler ce que l'on fait maintenant des intelligences artificielles ? Je pense qu'effectivement ce sont des intelligences, des machines qui restent à un niveau que, personnellement, je ne saurais strictement pas atteindre en ce qui concerne la précision de l'usinage, mais franchement il y a des choses qui se font à des niveaux extrêmement élevés et beaucoup mieux qu'avec ton intelligence ou la mienne ou la sienne. Donc, ce problème ne peut être évacué comme on était en train de le faire, avec de grands airs, en disant : « Cela n'existe pas. » Je ne suis pas du tout d'accord, mais je ne suis pas d'accord non plus pour que cela n'existe pas, parce que cela démontre une tendance fondamentale de l'humanité. Le fait pour l'homme de répéter, de créer, ce qui a l'air de faire sa grande supériorité, est un but qui est incontournable. Donc, que les informaticiens, surtout ceux qui fabriquent les machines, aient comme objectif des machines qui deviennent de plus en plus performantes par rapport à l'intelligence humaine et essaient de s'en rapprocher, je crois que cela ne peut être qu'un énorme mouvement porteur d'un développement technologique, scientifique et de connaissance tout à fait important. Et il m'est venu à l'idée que, très souvent, lorsque nous voulons expliquer les entrées dans le système nerveux central et la réponse sous forme d'un comportement, même si c'est un comportement strictement verbal, nous sommes obligés d'admettre que l'entrée, ou même le comportement qui va être donné, est immédiatement comparé à quelque chose. Alors, comment cette chose s'organise-t-elle, comment existe-t-elle ? Il y a une espèce de comparaison et de cela naît une notion d'incongruité. Là, ce qui va se passer n'est pas possible, est incongru ou, ce qui vient d'être dit, ne correspond à rien, n'a pas de sens. Et techniquement, sur le plan pragmatique, on peut mettre en évidence des événements qui sont contemporains de cette naissance de la notion d'incongruité. Alors, je me demande si la réponse à votre question, qui s'est faite dans votre cheminement vers l'intelligence artificielle, ne vous renvoie pas à la notion stricte de niveau du langage dans lequel un certain nombre de formes sont impossibles, parce que instantanément rejetées par un système qui juge de l'incongruité.

Philippe BRENOT. — Je ne m'insurge pas autant que vous sur le fait que l'ordinateur puisse être personnifié. C'est Robert CORI qui a développé l'idée de la difficulté de l'informaticien devant le choix du langage qu'il va utiliser. Cela m'a fait penser à la vision anthropologique que j'avais de ces nouveaux idiomes (j'ai bien dit « idiomes »), quand j'avais lancé Maurice GROSS sur cette idée-là : est-ce qu'il s'agit vraiment de langage ? Ce matin, on a fait des distinctions entre langue et langage, et ici, je me demande s'il s'agit de langage. Est-ce qu'il y a langage et avec qui ? Lorsque l'informaticien se demande quel idiome il va choisir pour résoudre un problème qu'il se pose à lui-même, ce choix du langage me semble être fonction non pas du locuteur, mais du contenu du problème. Il est vrai qu'on ne choisira pas le même langage suivant le problème posé. Et si l'on choisit le langage en fonction du contenu et non du locuteur, je me demande si l'on n'est pas en train de poser le langage, ou même peut-être la machine, en tant que sujet ? On introduit peut-être ce que vous appelez langage en tant que sujet. J'irai plus loin : est-ce qu'il y a communication et est-ce que l'on peut parler de langage ? Je crois que cette interrogation est un peu hardie, mais enfin ! je suis devant des questions auxquelles je n'ai pas entendu de réponses.

Maurice GROSS. — Oui ! une chose qui fascine les linguistes, c'est la forme intérieure du langage. C'est justement la partie mystérieuse pour les linguistes, parce que peut-être biologique, enfin la partie sur laquelle les méthodes liguistiques n'ont pas de prise. Les linguistes se limitent à l'étude de la forme, c'est-à-dire des aspects phoniques et des aspects syntaxiques combinatoires, et il existe d'autres aspects plus fondamentaux, qui n'ont peut-être rien à voir avec la communication, mais malheureusement, c'est un grand mystère. La question de l'incongruité est actuellement une façon de parler de ces phénomènes assez étonnants. Des irrégularités comme celles de la conjugaison des verbes « être », « avoir » ou « aller », on voit très bien comment elles sont acquises. Les corrections familiales et celles de l'école imposent de se servir des formes irrégulières au lieu des formes régulières qu'un enfant produit spontanément par analogie avec les modèles de conjugaisons qu'il a entendues par ailleurs. La difficulté avec les exemples comme

« concerner » et « regarder », c'est qu'on ne voit pas de mécanisme explicite. Sur quelle base introduirait-on l'incongruité ? Les formes syntaxiques de ces deux emplois de « concerner » et « regarder » sont rigoureusement identiques : qui cela concerne-t-il ? Qui cela regarde-t-il ? Cela me concerne, cela me regarde ; enfin, on peut décliner le paradigme syntaxique de ces deux verbes qui sont identiques en tous points, sauf pour le passif. Bon, ils présentent des différences de sens. Alors, on pourrait peut-être régler le problème de cette paire, mais si vous le faites, je vous avertis tout de suite que j'en ai deux ou trois cents du même genre en réserve, et il faudra que nous regardions si la même approche peut s'appliquer à ces autres cas, et il y en a vraiment énormément. Donc, pour moi, c'est très mystérieux.

Jacques WITTWER. — Je voudrais simplement faire une suggestion à propos de « regarder » et « concerner », qui effectivement fonctionnent syntaxiquement de la même manière, sauf pour le passif. L'hypothèse serait sur ce que j'appellerai le poids, la valeur ou la balance sémantique des deux termes, en ce sens que l'un est abstrait et logique, et que l'autre a une balance affective prodigieuse : le regard. Au lieu de toujours se contenter de faire des distinctions de forme, le moment n'est-il pas venu de faire des distinctions plus profondes, en ce sens que nous avons là quelque chose qui regarde le corps, qui regarde et qui a un poids affectif absolument fabuleux : le regard ? Il suffit d'interroger une banque de données, d'appuyer sur « concerner », qui d'ailleurs, si je fais bien attention, ne se substantive pas, tandis que l'autre se substantive et, par conséquent, les deux termes ne seraient quand même pas à ranger dans une même catégorie, si on ne pouvait donner la totalité des critères sémantiques de l'un et l'autre terme ; mais je pense que la référence au corps et aux yeux est fondamentale parce que, quand on dit regard, qui ne pense aux yeux ?

Jacques PATY. — Je voudrais appuyer ce qui a été dit sur la notion d'incongruité, en sachant peut-être que tout le monde n'a pas entendu le mot « incongruité » de la même façon. En fait, c'est le mot anglais qui a été utilisé en français, qui se traduit beaucoup mieux par le mot « rupture », ramenant à l'idée qu'à travers ce que nous enregistrons en électro-encéphalographie, on décèle certainement beaucoup mieux les ruptures que les phénomènes positifs. Il est certain que toute cette branche que l'on appelle « physiologie positiviste » est quand même née de l'idée que ce qui nous amène à une perception, à une prise de décision, implique premièrement une prévision : il n'y a pas d'information nerveuse qui soit reçue si elle n'a pas été attendue ou recherchée ; et deuxièmement, elle a effectivement quelque chose à voir avec une action. On peut au moins dire que prévision et action sont les supports essentiels de la façon dont nous fonctionnons pour prendre du sens quelque part.

Nicolas ZAVIALOFF. — Je voudrais nuancer ce que vient de dire Jacques PATY. On insiste beaucoup sur la notion d'action, mais je pense que si la différence entre « regarder » et « concerner » s'appuie sur des catégorisations et qu'éventuellement on peut faire la part de ce qui est de l'ordre de la sensation et de l'ordre de l'action, il me semble que cette incongruité dont parle Claude BENSCH renvoie à une sorte de répertoire interne qui peut être hiérarchisé sur un certain nombre de catégorisations correspondant au rapport du milieu interne au milieu externe. Je pense donc que dans l'emploi de « regarder » ou « concerner », on fait appel à une séquence plutôt sensitivo-sensori-motrice qui renvoie à une disposition tout simplement émotionnelle.

Maurice GROSS. — Oui ! je n'ai pas répondu à Monsieur sur son explication de l'interdiction du passif ; je suis tout à fait en désaccord, et je peux commencer à débiter ma liste de contre-exemples comme « regagner le domicile conjugal » et « réintégrer le domicile conjugal », « Paul habite Paris », « Paris est habité par Paul », impossible ! « Les riches avocats habitent Paris », « Paris est habité par les riches avocats », c'est bon ! Je vais vous présenter une centaine de situations cognitives, toutes différentes. Alors, au coup par coup, chaque explication est séduisante, mais elle est purement anecdotique et je ne crois pas que cela soit le fond du problème qui est l'existence de ces incongruités. Interdiction linguistique n'est pas un terme très bon, mais les données techniques, acceptables ou non acceptables, que l'on emploie pour une séquence 0,1 ou +, —, n'ont pas d'importance. Je ne pense pas que l'on puisse régler ces différences individuellement.

Nicolas ZAVIALOFF. — Je dois dire qu'en employant l'une des deux phrases, c'est-à-dire des paraphrases qui reviennent à dire la même chose mais différemment, différemment se traduit éventuellement aussi par une modulation vocale. Le fait d'employer « concerner » ou « regarder », est-ce que cela se retrouve au niveau d'une modulation vocale ? C'est déjà un problème. Je ne sais pas si la question a été abordée du point de vue d'une analyse spectrale de la voix au moment où on le prononce. Je sais que tout est permis, mais probablement dans une situation innocente, cela serait intéressant de le vérifier. Ce qui me renverrait éventuellement à des différences qui correspondent à l'ancrage biologique dont je parlais tout à l'heure.

Maurice Gross. — Oui, si ce n'est pas une différence sémantique, acoustique ou comportementale, vont-elles se retrouver associées aux autres paires que j'ai commencé à énumérer ? Ce genre de facteur n'a pas été étudié pour le moment, mais nous disons que s'il y avait de telles associations, elles seraient certainement extrêmement subtiles.

Anne-Marie Houdebine. — Je voudrais essayer de répondre avec une certaine ambition, puisque je ne suis pas du tout informaticienne, à la question de Philippe Brenot. Il me semble que ce n'est pas un langage. Maurice Gross a suffisamment dit l'absence de plasticité. Ce n'est pas un idiome peut-être, si idiome est synonyme de langue. C'est ce que nous, linguistes, appelons un code clos, et c'est pourquoi il faut tant réaffirmer quelque chose de l'ordre de l'invention ou de la plasticité pour la langue ; je pensais par exemple poser une question aux informaticiens : lorsque des groupes d'enfants, ou peut-être d'adultes, disent : « je dîne », « tu dînes », « il dîne », « nous dînons », « vous dînez », « ils dînent », et « je déjeune », « tu déjeunes », « il déjeune »..., c'est-à-dire qu'un même verbe latin, dans son évolution, a donné *disno* = « je dîne », et *dijunamos* = « nous déjeunons », comme nous disons : « je peux », « nous pouvons » ; un ordinateur pourra-t-il par exemple un jour, avec « je peux », « nous pouvons », faire le verbe « peu-oir » qui aura un sens, puis le verbe « pouvoir » qui tolérera « je pouve » et qui aura un autre sens, ce que toute langue peut faire, y compris la française, même ci cela en gêne certains ? Et une autre question aux informaticiens : puisque vous entendez qu'« intelligence artificielle » est un terme faux, est-ce que vous allez essayer de faire campagne pour que le terme soit plus juste ? Ou bien, est-ce que vous acceptez de dire avec moi que la langue est une langue de désirs et que, là, a pointé le désir des informaticiens ?

Maurice Gross. — Je vais répondre à Philippe Brenot sur la nature effective du langage informatique, langue ou code. On peut par exemple comparer la forme abstraite de la grammaire du langage Pascal, qui existe et qui fait cinq pages, à ce que pourrait être la grammaire du français, qui n'existe pas et qui ferait certainement plusieurs centaines d'ouvrages. Il n'est donc pas question de comparer ces choses-là. Il faut voir que les langages informatiques ont trente ans d'existence et que, peut-être un jour, ils auront une richesse qui sera un peu comparable à celle des langues naturelles ; mais enfin, on est très loin de cela. Pour le terme d'« intelligence artificielle », puisqu'il s'ensuit une polémique à ce sujet, je vais utiliser un autre terme qui a été aussi galvaudé et je vais demander si nos collègues vont faire aussi une campagne pour que le terme « écologie » ne soit pas utilisé à toutes les sauces comme cela a été le cas ; je crois que la situation est à peu près semblable. Il y a des mots à la mode qui sont utilisés indépendamment de ceux qui les ont créés ou de ceux qui en sont profondément défenseurs, et on ne peut surveiller ce que les gens disent à propos d'« intelligence artificielle » de la même façon que l'on ne peut surveiller ce que les gens disent à propos d'« écologie ».

Max DE CECCATTY. — M. GROSS m'a interpellé plusieurs fois, puisque je m'appelle Max et qu'il a prétendu que j'aimais les gâteaux. Il a prétendu effectivement que je ne pouvais pas être regardé par le problème. Simplement, pour dire une chose : étant biologiste, je me demande si, quand on se casse le nez sur une technique qui a la prétention de reproduire un certain nombre de phénomènes dits naturels (car l'homme n'est pas totalement un animal naturel), quand on veut imiter son langage, eh bien, il faut peut-être aussi imiter la partie (analogue) qui n'est pas naturelle, et je ne suis pas sûr, quand on se casse le nez à vouloir l'imiter, que de se réfugier derrière un éventuel blocage de type biologique soit une bonne solution. Alors, je voudrais vous poser une question : vous avez dit que des essais avaient été faits au sujet de l'espéranto et que cela avait raté en tant que langue véhiculaire. Est-ce que les informaticiens travaillent avec des linguistes qui pourraient leur dire à un moment donné : « Ecoutez, toute cette série de blocages, par exemple sur les trois cents verbes, si vous essayez de travailler avec une machine dont la programmation, dont la syntaxe, dont la sémantique, seraient proches du wolof par exemple ou de n'importe quelle autre langue, est-ce que ces obstacles ne seraient pas surmontés » ? Autrement dit, est-ce que ce n'est pas une sémantique, une syntaxe et une informatique de langues occidentales européennes que vous figez, car, comme vient de le dire Mme HOUDEBINE, cette langue évolue et fabrique de nouveaux verbes à partir de substantifs ? Est-ce qu'il y a eu des essais pour surmonter ces obstacles et pour arriver peut-être à se dire : finalement, la meilleure langue pour un informaticien n'est pas le français, n'est pas l'anglais, mais cette langue-là, ou une autre, qui effectivement résoudrait bien des problèmes ?

Maurice GROSS. — Oui, ce genre de considérations a été développé. Le chinois en est un fort bel exemple : le chinois écrit correspond à deux langues parlées entièrement différentes, et les Chinois du Nord et du Sud communiquent par l'écriture ou en se faisant des petits dessins, des caractères dans le creux de la main. Malheureusement, du point de vue informatique, ce n'est pas très commode. Une autre tentative a été le basic english, il y a trente ou cinquante ans, projet de simplifier ou de définir un noyau de l'anglais qui ait toutes sortes de propriétés non ambiguës et sans restriction bizarroïde comme celle que j'ai mentionnée ; c'est-à-dire une combinatoire très régulière qui aurait permis une analyse automatique sans difficulté. Cela n'a pas marché, il n'a pas été possible d'obtenir un consensus, et puis la délimitation d'un anglais simplifié à l'intérieur de l'anglais courant est quelque chose de très difficile. D'un point de vue pratique, beaucoup d'informaticiens sont ravis qu'en France le langage de programmation utilise toujours des mots et des termes anglais. Cela permet très bien de distinguer le métalangage, le langage du traitement, de l'objet qui, lui, est en français. Eh bien, il y a cependant des informaticiens qui réclament la francisation des langages, mais personnellement, je suis tout à fait du côté de cette séparation qui manque et qui fait difficulté dans la situation du basic english régulier, ambigu par rapport à l'anglais pris dans sa totalité. A propos, Max a la vertu d'avoir trois caractères, comme Luc : ce sont des prénoms que nous utilisons tout simplement pour économiser de la place en mémoire.

Question : Je trouve que ces trois cents termes, cela fait un peu peur. Peut-être y en a-t-il davantage encore. Alors, je voudrais essayer d'expliquer, et peut-être cela va-t-il dans le sens de ce que M. WITTWER a dit il y a quelques minutes. Je vais d'abord dire trois mots : « semblant, fiction, illusion ». Je reviens à vos phrases : « les riches avocats habitent Paris », donc « Paris est habité par les riches avocats » ; ou bien l'autre : « Paul habite Paris », « Paris est habité par Paul ». Si on prend les avocats, on peut penser que cela peut avoir un aspect symbolique ; si on prend Paul, peut-être est-on simplement dans l'imaginaire, car je reviens à mes trois termes : le semblant renvoie à l'imaginaire, la fiction renvoie peut-être à l'imaginaire mais surtout au symbolique, et l'illusion renvoie au réel. A la limite, le réel n'existe pas. Ma question est très simple : est-ce que vous pensez que les ordinateurs pourront traduire ce qui est de l'ordre de l'imaginaire, du symbolique ou du réel ?

Maurice GROSS. — Linguistes et informaticiens s'intéressent à cette question. Ils utilisent une terminologie un peu différente, plutôt en termes de référence. Les logiciens également, en termes de sens de référence. « Paul » a une référence et pas de sens peut-être ; « les riches avocats », cela a du sens, mais la référence est un peu moins simple en tout cas. Le problème de l'identification de l'ensemble des « riches avocats » est de nature différente de celui de l'identification de « Paul ». Ce genre de concept se traduit sous forme de défini ou générique, classe symbolique. Il y a effectivement des tentatives de formalisation, certaines sont prometteuses. Je ne suis pas très optimiste sur les possibilités de rendre intelligent un ordinateur séquentiel ou peut-être même parallèle, mais sur ce point de la plasticité, sur la question que vous soulevez, je serai moins pessimiste. Je pense qu'il est possible de donner une formalisation approchée de notions comme celle-là (peut-être pas exactement aussi fines que celle que vous proposez), mais ce genre de distinction est certainement très importante et doit être incorporée dans des programmes. J'en profite pour signaler que votre explication de la différence entre les deux constructions n'a rien à voir avec celle qui était proposée tout à l'heure pour la paire « regarder-concerner », et il se produit exactement ce que j'avais annoncé : nous allons avoir une explication cas par cas, et je crois qu'il y a quand même quelque chose de plus profond et des interdictions communes à toutes ces irrégularités.

INTERVENANTS ET DISCUTANTS

Claude BENSCH — Physiologiste. Professeur à l'université de Bordeaux II. Ancien président de la Société internationale d'écologie humaine

Philippe BRENOT — Psychiatre anthropologue. Chargé d'enseignement à l'université de Bordeaux I. Président de la Société internationale d'écologie humaine

Michel BROSSARD — Psychologue du langage Professeur à l'université de Bordeaux II. Laboratoire de psychologie génétique et différentielle (université de Bordeaux II)

François CLARAC — Neurobiologiste. Directeur de recherche au CNRS (Arcachon)

Robert CORI — Informaticien-théoricien. Professeur à l'université de Bordeaux I. Directeur du Greco Programmation CNRS

Jacques COSNIER	Ethopsychologue. Professeur à l'université Lumière-Lyon II. Directeur du Laboratoire d'éthologie des communications
Boris CYRULNIK	Biologiste. Directeur de la section éthologie du Laboratoire du traitement des connaissances, faculté de médecine de Marseille
Alain GALLO	Ethologiste. Maître de conférences à l'université de Toulouse II Le Mirail
Maurice GROSS	Informaticien-linguiste. Professeur à l'université de Paris VII. Directeur du Laboratoire d'automatique documentaire et linguistique, UA 819 du CNRS, et Centre d'études et de recherches en informatique linguistique (CNAM et Paris VII)
Anne-Marie HOUDEBINE-GRAVAUD	Linguiste. Maître de conférences à l'université d'Angers. Cofondatrice du Centre d'analyse du discours (université de Paris XIII)
Patrick LACOSTE	Psychiatre-psychanalyste. Auteur de *la Sorcière et le Transfert* (Ramsay, 1987)
Michel LAMY	Biologiste. Maître de conférences. Vice-président de l'université de Bordeaux I
Robert MARTY	Ecogénéticien-cytopathologiste. Professeur d'écologie fondamentale à l'université de Bordeaux I. Président du Directoire international d'écologie humaine
Jean-Paul MICHEL	Ecrivain. Critique d'art. Professeur agrégé de philosophie. Directeur des Editions William Blake and Co.
Chantal MIRONNEAU	Physiologiste. Professeur de physiologie à l'université de Bordeaux II

Lucette MOULINE	Ecrivain. Maître de conférences à l'université de Bordeaux III (littérature contemporaine et art et spectacle). Présidente du théâtre Incarnat
Jacques PATY	Psychophysiologiste. Professeur à l'université de Bordeaux II. Président de l'IRASCA
Max PAVANS DE CECCATTY	Histologiste. Biologiste cellulaire. Professeur à l'université Claude-Bernard. Directeur du Laboratoire d'histologie expérimentale (Lyon I)
Marcel RIMPAULT	Physicien-théoricien. Professeur à l'université de Bordeaux I. Directeur du Centre interuniversitaire de calcul de Bordeaux. Président honoraire de l'université de Bordeaux I
Michel SUFFRAN	Ecrivain-médecin. Auteur de nombreux ouvrages, critiques historiques et littéraires dont récemment *la Nuit de Dieu*
Jean-Michel VALENÇON	Médecin-psychiatre. Ecrivain, auteur récemment des *Dernières Extrémités*
Jacques WITTWER	Psychologue du langage. Vice-président de l'université de Bordeaux II. Président de la Xe section du Conseil supérieur des universités

TABLE DES MATIÈRES

Langages	5
Présentation du thème *par Philippe* BRENOT	7
1. LANGAGE ET COMMUNICATION — *par Jacques* COSNIER	13
Discussion	26
2. LES COMMUNICATIONS CELLULAIRES — *par* Max PAVANS DE CECCATTY	41
Discussion	63
3. LE PRÉVERBAL ANIMAL ET HUMAIN — *par* Boris CYRULNIK	81
Discussion	105
4. LA DIVERSITÉ LANGAGIÈRE DES ÊTRES HUMAINS — *par Anne-Marie* HOUDEBINE-GRAVAUD	123
Discussion	168
5. LES NOUVEAUX IDIOMES — *par Maurice* GROSS	185
Discussion	204
Intervenants et discutants	219